プラズマの本

赤松 浩 [著]

電気書院

［本書の正誤に関するお問い合せ方法は，最終ページをご覧ください］

はじめに

　本書を手に取られた読者の方に，まずは「宇宙の物質の99％はプラズマである」という言葉を贈ろう．生涯を地上で過ごす私たちにとって，この事実は想像しがたいかもしれない．プラズマとは，負の電荷である電子と正の電荷であるイオンが混在している状態である．自然現象としてこの状態が現れるのは，雷やオーロラ程度しかなく，そのことが上記の事実を受け入れがたくしている．

　1879年にクルックスによって"radiant matter（光を放つ物質）"と記述された物質の第4状態は，1928年にラングミュアーによってはじめて「プラズマ」と命名された．これ以降，多くの研究者がプラズマの解明を試み，産業応用技術としても発展した．プラズマが光を放つことを利用した光源応用，電気的および化学的特徴を利用した半導体製造技術への応用，エネルギー製造を試みるプラズマ核融合，さらには医療技術や農業・水産業にいたるまで，プラズマの可能性はますます広がっている．

　さて，筆者は大学の卒業研究生時代に初めて本格的なプラズマと出会った．研究室では，真空設備や高電圧電源など，高価な装置でプラズマを発生させていた．初めの印象から，プラズマの研究は装置の立ち上げや研究の維持にコストがかかるのだな，と思った．

　高専の教員として研究を始めたころ，「大気圧低温プラズマ」に出会った．学会誌の表紙を飾ったそのプラズマは，なんと乾電池でも発生できるという．この出会いから，プラズマがもっと身近な研究対象になり，試行錯誤の末に乾電池電源によるジェット状の大気圧

低温プラズマを発生することに成功した．このプラズマであれば，中学生や高校生であっても電子工作をする感覚でプラズマ装置を作ることができるはずである．

　筆者は，プラズマに関してまだまだ修行の身である．つまり，これからプラズマを始めようとしている若者と同じ目線である．そのことを念頭に，本書は中学生，高校生，高専生でも順を追って読み進められるよう，難しい数式は一切使用せず，文章と図でプラズマを説明するよう努めた．本格的な専門書を読む前の入門書として最適である．

　本書は，以下のような構成である．1編では，そもそもプラズマとは何か？について，その特徴や定義をまとめ，自然のプラズマを例示している．2編では，プラズマを学ぶうえで重要な放電現象やプラズマの分類について述べた．3編では，すでに実用化されているプラズマ応用技術や，今後発展が望まれる医療，農業，および水産業分野へのプラズマ応用に関する近年の動向をまとめた．巻末付録では，本書を読んで自分もプラズマを発生させてみたい！という知的探求心あふれる読者のために，1000円程度で制作できる簡単な大気圧低温プラズマジェットツールの制作手順と応用実験を述べた．

　本書がキッカケとなり，プラズマ応用研究を志す若者が増えれば，このうえない喜びである．

2017年10月　著者記す

目　次

はじめに —— *iii*

1　プラズマってなあに

1.1　光り輝く気体 —— *1*

1.2　物質の第4態，プラズマ —— *3*

1.3　身近にある自然のプラズマ —— *15*

2　プラズマの基礎

2.1　気体の放電現象の始まり（タウンゼント放電）—— *23*

2.2　低気圧直流放電を観察すると —— *33*

2.3　プラズマの分類 —— *37*

2.4　プラズマの性質 —— *47*

3 プラズマの応用

3.1 低気圧における低温プラズマの応用──*57*

3.2 高気圧における熱プラズマの応用──*69*

3.3 大気圧低温プラズマ
（大気圧非熱平衡プラズマ）の応用──*71*

～巻末付録～ プラズマを点けよう

1 大気圧低温プラズマジェットツールの制作──*89*

2 プラズマを点灯しよう──*96*

3 大気圧低温プラズマジェットで実験する──*100*

参考文献──*107*

索引──*109*

おわりに──*113*

1 プラズマってなあに

1.1 光り輝く気体

　皆さんは光り輝いている気体と聞いて，どのようなものを想像するだろうか？ 図1・1に示すように，室内を見渡すと，蛍光灯が点灯している．窓から空を見上げると，太陽がサンサンと照りつけている．梅雨時には，激しい稲妻が輝いているときもある．また，緯度の高い土地では，美しいオーロラを見ることができるかもしれない．これらすべては，プラズマによってもたらされた光である．

　気体は，そもそも普通の状態では光を放つことはない．その証拠に，空気やスイッチを投入していない蛍光灯は光っていない．しかし，この気体に何らかの方法でエネルギーを与えると，瞬間的あるいは定常的に光を放つ状態になる．光り輝いている気体は放電とよばれる現象の真っ最中にあり，「プラズマ」とよばれる状態になっている．

　エネルギーを与えられ，放電している気体が光を放つということは，17世紀後半には実験を通して調べ始められていた．真空技術が発展し，19世紀になってボルタ電池（現在の化学電池の原型）が開発されると，低気圧状態の気体を放電させる実験が行われるようになった．そして1838年，マイケル・ファラデーは，初めて低気圧気体中での放電現象の維持に成功した．ファラデーは，低気圧放電管内の気体はすべてが発光しているわけではなく，暗い部分（ファラデー暗

1

1 プラズマってなあに

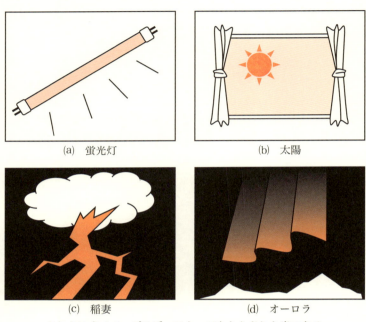

(a) 蛍光灯　　(b) 太陽　　(c) 稲妻　　(d) オーロラ

これらはすべて，プラズマによってもたらされた光である．

図1・1 光り輝く気体の例

部)も存在することを示した．このファラデーの実験以降，放電にともなって光を放つ気体の研究が本格的に始まったといわれている．

しかし，この光り輝く気体の状態に「プラズマ」という名が使われるようになったのは，ファラデーの実験から約100年後の1928年になってからである．命名者のアーヴィング・ラングミュアーは，論文において低気圧放電管内で光を放っている部分を"plasma"と唐突に記述した．

そもそも"plasma"という言葉は，当時すでに血漿あるいは血液

1.2 物質の第4態，プラズマ

に対して"blood plasma"という形で用いられていた．血漿あるいは血液は，血管というパイプを流れている．ラングミュアーは，ガラス管というパイプを満たした光り輝く気体を見て，血管を満たす血液を連想し，この発光気体を"plasma"とよんだのではないか？と考えることもできる．

　ラングミュアーは，プラズマを命名しただけでなく，それまで難しいとされてきたプラズマの計測方法も提案した．これを境に，プラズマの基礎特性が次々と明らかになり，さまざまな産業に応用されるようになった．

　前述したように，プラズマは光を放つ特徴があるため，特に光源として応用が進められた．今日でも，蛍光灯，自動車のヘッドライト，プラズマディスプレイパネル，あるいは大型の照明装置などでプラズマの光が利用されている．

　また，エレクトロニクスを支える半導体デバイスの製造技術においても，プラズマエッチングやプラズマCVDといった技術にプラズマが応用されている．現代の私たちの生活を支える技術に光り輝く気体・プラズマは不可欠と言っても過言ではない．

1.2　物質の第4態，プラズマ

(i) 気体にエネルギーを与えると？

　氷（固体）を温めると水（液体）になり，水を加熱すると水蒸気（気体）に変わる．このように，物質に熱あるいはエネルギーを与えると，その物質の状態が変化する．そして，物質の状態を示す固体，液体，および気体は，物質の3態とよばれる．では，光り輝く気体，プラズマとはいったいどのような状態をさすのであろうか？

　物質の状態は，温度によって決まっている．図1・2に示すよう

1 プラズマってなあに

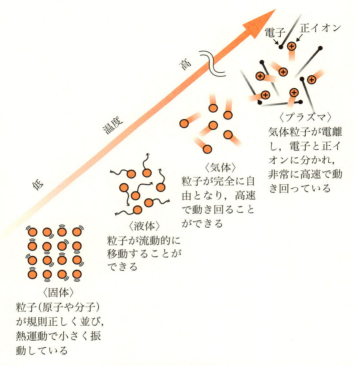

図1・2 物質の状態変化

に,温度が最も低いとき,物質を構成している粒子(原子や分子)は規則正しく配列した固体の状態である.くわしく見ると粒子は熱運動によって振動しているが,粒子間の相互作用が熱運動より強いため,固体という状態が保たれている.

固体を加熱して温度を高めると,粒子の熱運動が盛んになる.その結果,粒子の配置が流動的な液体の状態になる.

液体をさらに加熱すると,粒子の熱運動がいっそう激しくなり,

1.2 物質の第4態, プラズマ

粒子間の相互作用から完全に自由となる. この状態が気体であり, 粒子は高速で運動している.

　さて, 気体にさらにエネルギーを与えて, その温度が数万度を超えると, 気体の分子は原子に分離し (これを「解離」という), 原子が負の電気を持った電子と正の電気を持った正イオンに分かれる (これを「電離」という). 電離によって生じた電子や正イオンが非常に高速で動き回っている状態, これがプラズマである.

コラム　気体を構成する粒子

　気体は無数の粒子から構成されているが, その粒子には原子と分子がある. 例えば, 空気はおおまかに窒素分子 (80%) と酸素分子 (20%) の混合気体である. また, 蛍光灯内にはアルゴン原子と水銀原子が混合されている.

　本書では, 原子と分子を区別しなくてよいときは, 「粒子」と表現することにする. つまり, 「気体粒子」といえば, 気体を構成している原子あるいは分子をさす.

(ⅱ)　プラズマが光を放つのはなぜ？

　1879年, ウィリアム・クルックスは, 電離した気体がとても魅力的な特徴を持っていることを認め, "radiant matter (光を放つ物質)" とよび, 「物質の第4態」と表現した. しかし, プラズマとは気体を構成する原子が電子と正イオンに分かれて電離している状態をさしているのであって, 発光は定義に含まれていない. プラズマが光を放つのは, 気体自体の性質によるものである.

　プラズマが光を放つしくみを, 気体中の原子の構造から解説しよう. 図1・3(a)に原子番号が1の水素原子の構造を示す. 原子は中心

1 プラズマってなあに

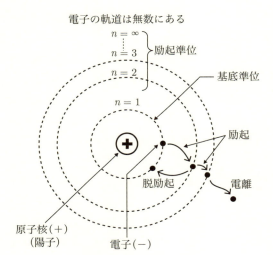

(a) 水素原子のモデル

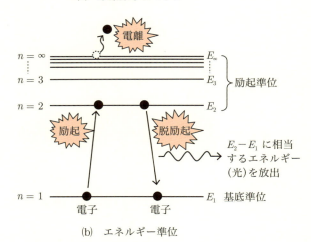

(b) エネルギー準位

図1・3 水素原子における励起と電離

1.2 物質の第4態，プラズマ

に原子核があり，その外側の軌道を電子が周回しているようにモデル化される．水素原子の場合，原子核は正の電気をもつ一つの陽子からなる．また，負の電気をもつ電子は原子核の陽子と同じ数になるため，原子の電気量はプラスマイナスゼロである．

電子は特定の軌道上にしか存在できないが，軌道は一つではなく無数にある．電子の軌道はエネルギーの高さ・準位を表し，外側の軌道ほどエネルギーが高い．原子は，通常エネルギーが最も低く安定した状態で，電子は原子核に一番近い軌道上（$n=1$）を回っている．この軌道はエネルギーが低く基本的な準位という意味で，基底準位とよばれる．人間に例えるなら，リビングでくつろいでいる状態と考えることができる．

ではエネルギーが最も低い状態の原子に外部から高速の電子が衝突してエネルギーを与えると，どうなるだろうか．電子は驚いて外側の軌道に飛び移る．このように，電子が $n=1$ から $n=2$ 以降に移ることを「励起」といい，そのエネルギー準位を励起準位とよぶ．

励起準位に移った電子はちょっとした興奮状態で不安定である．電子が励起準位に滞在できる時間は極めて短く，およそ 10^{-9} 秒程度である．したがって，図1・3(b)に示すように，励起準位に飛び移った電子はあっという間にエネルギーの低い元の準位に戻る．これを脱励起とよぶ．しかし，元の準位に戻るには，余分なエネルギー（$E_2 - E_1$）を外に捨てなければならない．このとき，外に捨てられたエネルギーが光になるのである．プラズマが光を放つ原因は，この励起と脱励起の繰り返しによる余剰エネルギーの放出だったのである．

励起準位にいる電子に対してさらにエネルギーを与え，それがある上限値を超えると，ついに電子は原子核の束縛から解き放たれ自由な電子，自由電子となる．これが「電離」である．

7

1 プラズマってなあに

> **コラム** 分子に電子が衝突すると？

原子に電子が衝突すると，図1・3のように励起→電離，あるいは励起→脱励起と進む．一方，分子に電子が衝突すると，その後の進展は複雑である．図1・4を用いて，窒素分子を例に説明しよう．窒素分子に電子が衝突すると，同図(a)のように窒素分子が二つの窒素原子に分かれることがある．これが「解離」である．解離して原子になった窒素原子は，一般的な原子と同様にさらなる電子の衝突を受けて励起や電離へと進む．これとは別に，同図(b)のように，分子のまま電子を放出して分子イオンになるケースもある．

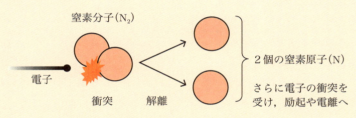

(a) 分子が原子に分かれる（解離）

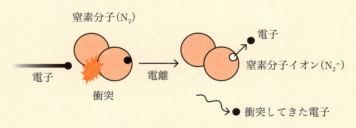

(b) 分子のまま電離して分子イオンになる

図1・4 分子に電子が衝突したときの変化

1.2 物質の第4態，プラズマ

コラム　プラズマは何色？

　プラズマは何色か？と問われれば，どんな色を思い浮かべるだろうか．プラズマが発する光の色は，原子の励起に関する上下準位のエネルギーの差によって決まる．図1・5のヘリウムのエネルギー準位を用いて簡単に説明する．ヘリウムは，電子が脱励起して $n=3$ の 3^3S という軌道から $n=2$ の 2^3P という軌道に戻る．このとき，それぞれのエネルギー準位の差である $22.72-20.96 = 1.76$ eV（エレクトロンボルト．1 eVは一つの電子が1 Vの電圧で加速されるときに得るエネルギーで，1.6×10^{-19} J）に相当するエネルギーの光を放出する．このエネルギーから光の波長を計算すると706.5 nm（ナノメートル．ナノは1/10億のことで，1 nmは 10^{-9} m）となり，図1・6に示すように赤色に相当する．ヘリウムは，このほかにもいくつかの波長の光を放出し，全体的にピンク色に見える．

　エネルギー準位は原子固有のものであるため，気体の種類が決まればプラズマの光の色がわかることになる．たとえば，ネオンは赤橙色，キセノンは青色の光を放つ．ただ同じ気体であっても，与えるエネルギーによって色が異なる場合もある．

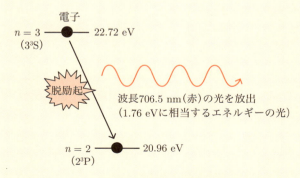

図1・5　ヘリウムが赤色の光を放つメカニズム

1 プラズマってなあに

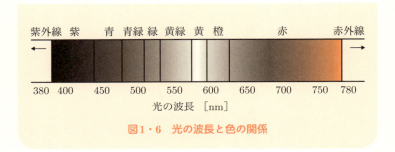

図1・6 光の波長と色の関係

(iii) プラズマは電気的特徴を持っている（プラズマ振動）

プラズマ中の粒子は，自身の温度によって起こる熱運動のほかに，電気的な力によっても運動している．ここでは，プラズマの命名者・ラングミュアーが解明したプラズマ振動を説明する．

気体粒子が電離すると，正イオンと電子に分かれる．これらのように電気を帯びた粒子を総称して「荷電粒子」とよぶ．プラズマは，このような正・負の荷電粒子の集合体であり，巨視的に見ると電気的に中性である．しかし微視的に見ると，場所によって正・負の荷電粒子の個数に偏りがある．図1・7(a)のように，プラズマの一部に荷電粒子の偏りが生じ，左側に正イオン群，右側に電子群の層ができたとする．また，その間の区間は正・負の荷電粒子が混在しているため全体的に電荷ゼロであるとする．

正・負の電荷が分かれていると，その間には引力がはたらく．そのため荷電粒子は動こうとするが，正イオンは電子に比べ非常に重いため，電子のみが左方向に引きよせられる．しかし，同図(b)のように電子群は正イオン群のところで静止することはできずに通り過ぎる．そのため，再び正・負の荷電粒子の偏りが生じ，電子は右方向に引き戻される．その結果，同図(c)のように再び右に電子群，左

1.2 物質の第4態，プラズマ

(a)
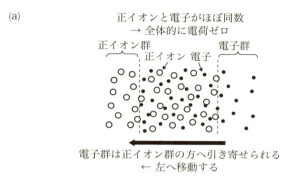

(b)
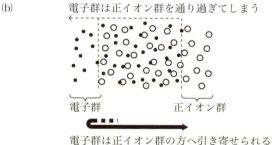

(c)
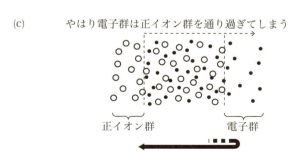

図1・7 プラズマ振動の様子

1　プラズマってなあに

に正イオン群の層が形成され，同図(a)の状態に戻る.

このように，プラズマ中では正イオンを中心にして電子が振り子のように左右に振動している．これをプラズマ振動とよぶ．プラズマが電気的な特徴を持っていることを示す重要な現象である.

(iv)　気体の絶縁破壊，放電，そしてプラズマ

プラズマを学ぶにあたり，いくつかの専門用語が出てくる．その中には，イメージがよく似ているので混同して使ってしまいそうな用語がある．ここでは，プラズマが発生するまでを図を追いながら，気体の絶縁破壊，放電，およびプラズマについて，それらが生じる順に説明する.

図1·8(a)のように，気体を容器に封入したとする（気体は原子のみとする）．気体中の原子は，原子核と電子から構成されている．電子は原子核と強固に結びついているため，自由に動けず電気を通さない．このように，電気を通さないものを総称して不導体，絶縁体，あるいは誘電体とよぶ．プラズマを扱う分野では，おもに「絶縁体」という呼称を用いる（金属のように電気を通すものは導体とよぶ）.

気体の「絶縁破壊」とは，気体がもつ絶縁体としての性質が破壊され，導体として振る舞うようになることである．同図(b)のように，気体中に電極とよばれる金属板を2個配置し，これらの間に電源装置を用いて高電圧を印加する．すると，気体中の原子は電離し，正イオンと電子に分かれる．正イオンと電子は，電極間の空間に電流を流す運び役となる．このように，気体が絶縁破壊すると電流を通せる状態になる.

この状態で電極に電圧を印加し続けると，同図(c)のように正イオンは負電極，電子は正電極に流れ込み，電極間に電流が流れる．このように，絶縁破壊にともなって電極間に電流が流れることを「放

1.2 物質の第4態, プラズマ

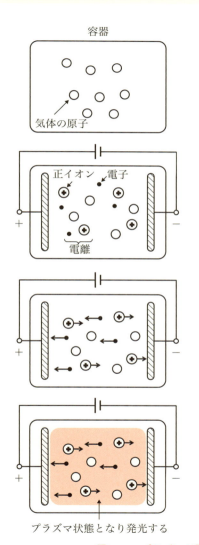

(a) 気体は絶縁体:
気体を構成する原子は, 電子が原子核と強く結びついているため自由に移動できず, 電気を通すことができない.

(b) 気体の絶縁破壊:
容器内に電極を配置し, 高電圧を印加すると, 原子は電離して正イオンと電子に分かれる. これによって, 電極間に電流が流せる状態になる.

(c) 放電:
電極に電圧を印加し続けると, 電離が継続的に生じ, 正イオンは負電極, 電子は正電極に流れ込む. これによって電極間に電流が流れる.

(d) プラズマ:
放電中は電極間に正・負の荷電粒子が形成され, 物質の第4態であるプラズマ状態になる. このとき, 原子は励起と脱励起によって光を放つ.

図1・8 プラズマが発生するまで

1 プラズマってなあに

電」とよぶ．絶縁破壊と放電はよく似ているが，絶縁破壊は電流を流せる状態になることであり，放電は電流が流れていることを表す．

放電している気体中では，電離による正・負の荷電粒子の発生と，それらの再結合による消滅が連続的に生じている．全体的に見ると，荷電粒子の発生の方が優勢であるため，気体中に正・負の荷電粒子が混在している状態，つまり物質の第4態の「プラズマ」になっている．また放電中の気体は，(ii)で説明した原子の励起と脱励起が生じているため，同図(d)のように光を放っている．放電とプラズマもよく似ているが，放電は現象であり，プラズマはその状態であると考えればよい．

(v) プラズマの定義

以上からプラズマを可能な限り簡単に定義すると，次の条件を満たしている状態である．

・電離によって生じた正の荷電粒子・正イオンと，負の荷電粒子・電子がほぼ同じ個数で存在している．

・正と負の荷電粒子がランダムな位置にばらばらに分布しているため，全体的に見るとプラスマイナスゼロで電気的に中性である．

では，プラズマ状態では気体粒子はすべてが電離しているのか？というと必ずしもそうではない．身近なプラズマとして蛍光灯を例にとろう．蛍光灯のガラス管内には一般にアルゴンおよび水銀蒸気が，圧力の低い状態で封入されており，スイッチを投入すると，アルゴンおよび水銀のごく一部が電離する．対して残りの大部分は気体状態のままである．

このように，気体の一部しか電離していない状態もプラズマということに注意が必要である．

1.3 身近にある自然のプラズマ

ここでは,地球上で見ることができるプラズマのうち,宇宙や自然現象におけるプラズマを紹介する.

(i) 太陽および恒星

太陽は,地球から最も近い,太陽系で唯一の恒星である.恒星は気体で構成され,自ら光を放つ天体である.したがって,太陽および恒星は,それ自体が巨大なプラズマのカタマリなのである.プラズマの状態を維持するには,電離を継続するためにエネルギーを供給する必要がある.太陽は,このエネルギーを内部の熱核融合反応によって発生させている.

太陽中心部の核で起こっている熱核融合反応の過程を図1・9で説

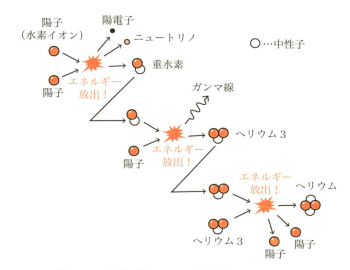

図1・9 太陽で起こっている熱核融合反応の流れ

1 プラズマってなあに

明する．核では，2個の陽子が融合し，陽子と中性子からなる重水素が形成される．次に重水素と陽子が融合すると，2個の陽子と1個の中性子で構成されたヘリウム3が形成される．最後に，2個のヘリウム3が融合すると，ヘリウムと2個の陽子が形成される．この一連の反応によって莫大なエネルギーが発生し，太陽の燃焼が維持されている．核の温度は1 500万°Cにも達しており，この温度では全

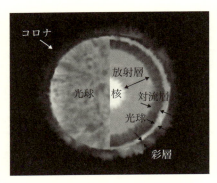

図1・10 太陽の表面（左側）と断面（右側）のイメージ

図1・11 皆既日食によって観察できるコロナのイメージ

1.3 身近にある自然のプラズマ

ての原子が電離した完全電離プラズマの状態になっている.

図1・10に示すように,太陽は核から外側に行くにつれて放射層,対流層,光球,彩層,コロナという層に分かれている.私たちが普段見上げている太陽は光球部分であり,温度は約6 000 ℃である.

光球からさらに上空2 000 kmにもコロナと呼ばれる高温のプラズマ層があり,その温度は数百万度以上といわれている.コロナは,光球の輝きにかき消されて普段は見ることができない.しかし,皆既日食が起こると,光球が地球の影となるため図1・11のように光球周辺に白い像としてコロナを確認することができる.

(ii) オーロラ

カナダやノルウェーなど緯度の高い地域で見ることができる美しい光のカーテン・オーロラも,実はプラズマである.図1・12に,オーロラの写真を示す.オーロラの出現は,太陽から放出された「太陽風」が関係する.先に述べたコロナを構成している正・負の荷電粒子群は,太陽の重力に打ち勝って外側へ放出されることがある.

〔写真提供〕 国立極地研究所

図1・12 アイスランド上空で観測されたオーロラ

1 プラズマってなあに

この放出された高エネルギーの荷電粒子群が太陽風である.

図1・13に示すように,太陽風はつねに地球に吹き付けている.地球周辺では,地磁気として南極から北極に向かって磁力線が発生している.また,磁力線は左右対称ではなく,太陽風の影響で反対側が変形している.この磁力線が,風よけの役割を果たすため,太陽風が真正面から地球上に吹き付けることはない.

しかし,南極および北極は,荷電粒子が流れ込みやすい.荷電粒子は図1・14のように磁力線の周囲をくるくる回る性質がある.極地付近の上空では,太陽風の荷電粒子が磁力線を回りながら地表近くに到達することがある.このとき,太陽風の荷電粒子が大気の気

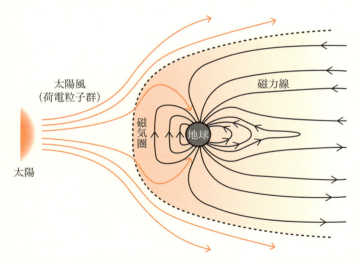

地磁気による磁気圏がシールドとしてはたらくので,太陽風は地球からそれる.しかし,北極と南極では荷電粒子が地表付近まで入り込み,オーロラが形成される.

図1・13 地球に降り注ぐ太陽風

1.3 身近にある自然のプラズマ

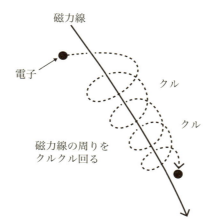

図 1・14　磁力線があるときの荷電粒子 (例えば電子) の運動の様子

体にエネルギーを与え，プラズマが発生する．このプラズマをオーロラとよんでいる．オーロラの色は，大気を構成している窒素および酸素の割合，さらには太陽風のエネルギーの大小によって異なる．

(iii) 雷

気象現象として 6 月から 8 月によく見られる雷は，雷雲と大地の間で発生した放電現象による瞬間的なプラズマである．雷は夏季と冬季で形成過程が異なっている．ここでは，夏季に見られる夏季雷を説明する．

図 1・15 に示すように，大気が暖められて上昇気流が生じると，高さ方向に成長していく積乱雲が形成される．積乱雲が成長するとき，雲中の水分が互いにぶつかり合って摩擦帯電し，雲の中に正と負の電荷が現れる．雲の下の層に負の電荷群が形成されると，大地には反対の正の電荷が現れる．これによって積乱雲と大地との間には非常に強い電気的な力の場，電界が形成される．電界がある上限

1 プラズマってなあに

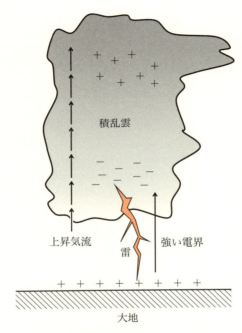

夏に見られる大きな積乱雲は,その成長過程で摩擦帯電によって正と負の荷電粒子が形成される.雲の下側にできた電荷と反対符号の電荷が大地に誘導され,強い電界が形成される.この電界によって,雷が発生する.

図1・15 夏季雷の発生メカニズム

値を超えると瞬間的な放電現象が起こり,プラズマである稲妻が現れる.

　落雷時は,大きな雷鳴とともに鋭い稲妻が1回現れるように見える.しかし,雷は同じ放電ルートを通って雲ー大地間を数回往復し

1.3 身近にある自然のプラズマ

ている.この往復は,雷雲にたまっている電荷がゼロになるまで続くことになる.

(iv) 火炎

プラズマといえば「電気的なもの」というイメージが強いかもしれないが,ロウソクやバーナーなどの「火炎」もプラズマである.プラズマは,気体の原子や分子が高エネルギーを授かって電離した状態であるが,このエネルギーは電気だけではなく熱でもよい.ロウソクは気化した蝋が燃料となり,これが酸素と反応することで火炎となる.火炎でもっとも温度が高いところは1 400 °Cにも達し,熱エネルギーによって燃料の分子を励起・電離させている.

火炎がプラズマとしての特徴を持っている証拠を,簡単な実験で示そう.図1・16のように,アルコールランプの火炎を平行な平板電極で挟んだ.この平板間には,直流高電圧電源が接続されている.

図1・16 火炎

1 プラズマってなあに

　図1・17(a)のように，左側平板に8 000 Vの高電圧を印加すると，火炎は右方向に傾く．これは，火炎を構成している大きな粒子である正イオンが，電界によって負電極の方向に力を受けるからである．次に，同図(b)のように右側平板に8 000 Vを印加すると，火炎の傾きは逆の左方向になる．

(a) 左を正，右を負としたとき　　(b) 左を負，右を正としたとき

火炎が負電極の方に傾いている．これは，火炎の主体である正イオンが負電極の方向に力を受けているためである．

図1・17　火炎に直流電界を印加したときの様子

2.1 気体の放電現象の始まり（タウンゼント放電）

プラズマの基礎

2.1 気体の放電現象の始まり（タウンゼント放電）

気体が放電し，プラズマが点灯するまでには，いくつかの過程を経ている．本章では，これらの過程において気体中で起こっている現象をくわしく見ていこう．説明に使用する装置の構成は，1900年ころにジョン・タウンゼントが行った実験を模して示す．

(i) 電子の衝突電離作用（α作用）

タウンゼントは，放電が始まる直前の気体粒子や電子の振る舞いを，図2・1のような装置構成を用いて実験的に調べた．

ガラス製真空容器内の気体を，真空ポンプによって排気する．こうすると，容器内の気圧が下がって気体の粒子数が少なくなり，低い電圧で放電と電離の維持が可能になる．容器内には一対の平行な電極を配置し，直流高電圧電源と電流制限用の抵抗を接続する．

このとき，陽極（正電極側）から陰極（負電極側）に向けて電界が形成される．電界は荷電粒子に作用する力であり，正イオンは電界と同じ方向，電子はその逆方向に加速される．

放電を始めるには，まず気体粒子を電離させる必要がある．これに必要なエネルギーは，電子の衝突によってもたらされる運動エネルギーである．初期的な電子は，電極間空間に偶発的に存在している．これは，自然界に存在する高エネルギーの宇宙線や放射線によって，気体が電離しているためである．しかし，偶存電子を利用した

23

2 プラズマの基礎

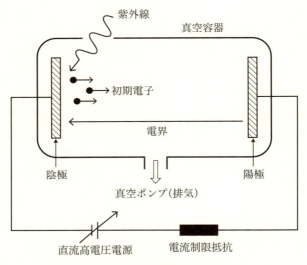

図2・1　気体の放電現象の実験回路図

実験では統計的なバラつきが生じる.

そこでタウンゼントは，陰極に紫外線を照射し，光電効果による光電子放出（金属などの物質に光を照射すると，物質の表面から電子が放出される）によって陰極からたくさんの初期電子を放出させて実験を行った．陰極から発した初期電子は，電界により陽極側に力を受け，ぐんぐん加速されて運動エネルギーを増していく．図2・2(a)のように，十分な運動エネルギーを持った電子が気体粒子に衝突すると，その粒子は電離して正イオンと電子に分かれる．この過程は電子の「衝突電離」とよばれ，式では次のように書ける．

$$\text{気体粒子 + 電子 (運動エネルギーを持つ)} \rightarrow \text{気体の正イオン + 電子 + 電子} \quad (1)$$

2.1 気体の放電現象の始まり（タウンゼント放電）

　衝突電離によって増えた電子は，図2・2(b)のようにもとの電子とともに電界の逆方向へ加速され，ふたたび運動エネルギーを得る．そして気体粒子を衝突電離させることで新たに電子を発生させる．このように，電子が衝突電離を繰り返すことで，電極間空間には電子が雪山の雪崩のように増殖していく．この電子の衝突電離作用は，放電現象の最初に生じるという意味から，ギリシャ文字のα（アルファ）を用いてα作用ともよばれる．

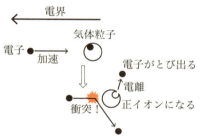

(a) 加速された電子が気体粒子に衝突し，電離させる

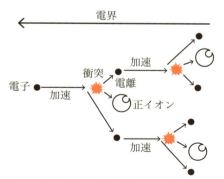

(b) 電離で生じた電子も次々と電離を起こさせる

図2・2　電子の衝突電離作用（α作用）の概略

2 プラズマの基礎

さて,この段階で陰極への紫外線の照射を中止すると,初期電子が激減するため,たちまち衝突電離作用は途絶えてしまう.したがって,放電現象を進展させるには,紫外線照射以外の方法で陰極から電子を発生させるメカニズムが必要である.

(ii) 正イオンの二次電子放出作用（γ作用）

電子の衝突電離作用では,電子とともに正イオンも増殖している.この正イオンは,図2・3に示すように陰極側へ引き寄せられる.正イオン群が陰極に衝突すると,陰極から電子をたたき出すことができる.この電子は,初期電子と区別するため二次電子といい,正イオンによって陰極から二次電子が放出されることを正イオンの二次電子放出作用という.ギリシャ文字で3番目のγ（ガンマ）をあててγ作用ともよばれる.

そして,ここまでα作用およびγ作用が起こっているときの放電は,タウンゼント放電ともよばれる.

なお,ギリシャ文字のαとγの間には2番目の文字としてβ(ベータ)

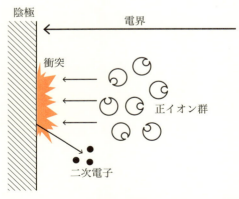

図2・3 正イオンの二次電子放出作用（γ作用）の概略

2.1 気体の放電現象の始まり（タウンゼント放電）

があり，β作用なるものも存在する．β作用は，正イオンによる衝突電離作用のことである．しかし，正イオンは電子に比べて質量が大きいため速度が遅く，気体粒子を衝突電離させることはほとんどない．そのため，β作用は一般的には無視してもよいとされている．

(iii) タウンゼントの火花条件（自続放電条件）

γ作用によって陰極から二次電子が放出されるようになり，さらに電極間の電圧を高めていくと，紫外線がなくても電子の発生と増殖を自ら継続できるようになる．このようになる条件を自続放電条件，あるいは発見者の名前を用いてタウンゼントの火花条件という．

図2・4に，荷電粒子の個数を用いて自続放電条件を説明する．陰極から1個の初期電子が発生し，陽極に向けて加速される．この電

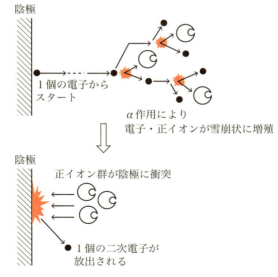

図2・4 タウンゼントの火花条件（自続放電条件）が整うまで

2 プラズマの基礎

子は気体粒子と衝突電離（α作用）を繰り返し，電子および正イオンが雪崩状に増殖する．増殖した正イオン群は陰極へ衝突し，二次電子をたたき出す．このとき，正イオン群が陰極から1個の二次電子を引き出すことができれば，紫外線等の外部のエネルギーによらずに電子の発生と増殖を自続することができる．このようになると，自続放電に移行する．

コラム　衝突電離以外による電離

　これまで，電子の運動エネルギーを利用した衝突電離について述べた．実は，気体粒子は，光および熱エネルギーによっても電離する．
　気体粒子は，励起準位から基底準位に電子が戻るとき，エネルギーを光として放出する．これとは逆に，気体粒子に光を浴びせると，電子がそのエネルギーを吸収して励起や電離が生じる．この様子を，図2・5に示す．これを「光電離」といい，式では次のように書ける．

$$\text{気体粒子} + \text{光エネルギー} \rightarrow \text{気体の正イオン} + \text{電子} \qquad (2)$$

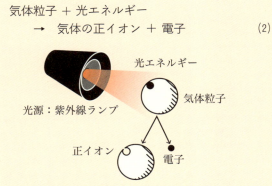

図2・5　光エネルギーを利用した光電離

2.1 気体の放電現象の始まり（タウンゼント放電）

　光エネルギーは，光の波長が短いほど大きくなる．一般に光電離は，紫外線よりも波長が短い光で起こる．

　一方，火炎や太陽などは，熱エネルギーによって電離する．気体を加熱すると，気体粒子の熱運動が激しくなり，図2・6に示すように粒子同士の衝突によって電離が生じる．このように熱エネルギーによる電離を「熱電離」といい，次のように書ける．

　　気体粒子 ＋ 熱エネルギー
　　　→ 気体の正イオン ＋ 電子　　　　　　(3)

　衝突電離や光電離は，電源装置や光源装置を用いて電離をコントロールできるが，熱電離は燃料の燃焼による熱エネルギーで励起や電離が維持されていることが特徴である．

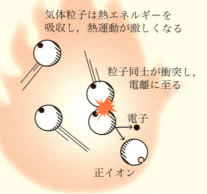

図2・6　熱エネルギーを利用した熱電離

2 プラズマの基礎

(iv) 放電開始電圧(パッシェンの法則)

そもそも絶縁体である気体の放電は,電極間の電圧を高めていき,α作用とγ作用を経由させることで進展する.つまり,放電の開始は電極間に印加した電圧によって決定することができる.

フリードリッヒ・パッシェンは,気体の放電開始電圧が圧力 p と電極間距離 d の積 pd に関係し,最小値をもつことを発見した.この法則はパッシェンの法則とよばれる.窒素 N_2,ヘリウム He,およびアルゴン Ar を例にとると,図2・7のようになる.なお,気体の場合は放電によって発光がともなうため,放電開始電圧を火花電圧ともいう.横軸の圧力 p の単位は [mmHg](水銀柱ミリメートル,1気圧の圧力は760 mmHg)である.いずれの曲線も,V字カーブを描いていることがわかる.この曲線をパッシェン曲線といい,放電開

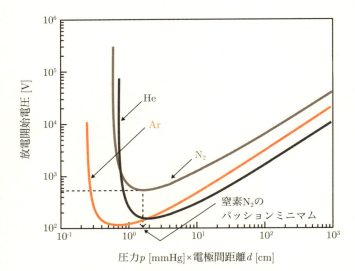

図2・7 各種のガスにおけるパッシェン曲線

2.1 気体の放電現象の始まり（タウンゼント放電）

始電圧がもっとも小さくなる pd 値をパッシェンミニマムとよんでいる.

パッシェン曲線がなぜこのようなV字カーブを描くかを, 電極間距離 d を固定して圧力 p を変化させた状況で説明する.

〈パッシェンミニマムの右側〉

パッシェンミニマムから圧力 p を大きくしていくと, 図2・8に示すように気体粒子の個数が多くなる. 電子は気体粒子と頻繁に衝突するため速度が大きくならず, 十分な運動エネルギーが得られなくなる. この結果, 衝突電離が起こりにくくなる. 言い換えれば, 衝突電離を起こすためには電極間の電圧を大きくしなければならず, 圧力 p の増大（つまり pd の増大）とともに放電開始電圧が大きくなっていく.

〈パッシェンミニマムの左側〉

次に, パッシェンミニマムから圧力 p を減少した場合を考える. 圧力 p が小さくなると, 図2・9に示すように気体粒子の個数が少なくなる. これによって電子との衝突回数は減少し, 運動エネルギーが大きくなる. しかし, 気体粒子が少ないため衝突電離による電子増殖が発展しにくくなり, 結果として電極間電圧を増大しないと放電に至らなくなる.

このように, pd を大きくしても小さくしても火花電圧は大きくなり, 一つの最小値, パッシェンミニマムが存在することになる.

なお, パッシェン曲線が気体の種類によって異なるのは, α 作用および γ 作用の進展の仕方がそれぞれ異なるためである.

2 プラズマの基礎

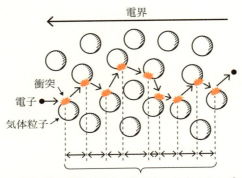

衝突間に電子が進む距離が短く,電界から得るエネルギーが小さい.
そのため,気体粒子と衝突しても電離させられない.
↓
衝突電離させるには,電界(電圧)を大きくする必要がある.

図2・8 パッシェン曲線の解釈
(電極間距離 d を固定し,圧力 p を増大させた場合)

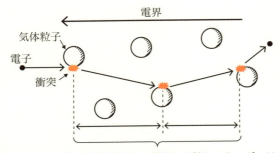

衝突間に電子が進む距離が長く,電界から得るエネルギーは十分大
きい.しかし,気体粒子が少ないため衝突電離が進展しない.
↓
衝突電離させるには,電界(電圧)を大きくする必要がある.

図2・9 パッシェン曲線の解釈
(電極間距離 d を固定し,圧力 p を減少させた場合)

2.2　低気圧直流放電を観察すると

（ⅰ）　低気圧直流放電の進展

　低気圧気体中において，タウンゼントの火花条件（自続放電条件）を満たした後，電極への電圧をさらに高くすると電極間の放電の様子が変化する．この変化の過程を見ていこう．

　図2・10(a)のような低気圧直流放電実験装置を想定する．ガラス容器の空気を真空ポンプで排気し，任意のガスを流量計で調節しながら導入する．これによって，ガラス容器内は低気圧気体の状態となる．ガラス容器内には電極として2枚の金属板を配置し，直流高電圧電源および電流制限抵抗を接続している．また，電極間の電圧を計測するための電圧計および放電による電流を計測するための電流計を接続する．直流高電圧電源の電圧を増大させると，ガラス容器内で放電現象が現れ，同図(b)のようなグラフが得られる（ただし，電極間電圧は直流高電圧電源の出力電圧から電流制限抵抗の電圧降下を差し引いた電圧に一致する）．

　電極間空間には，エネルギーの高い紫外線，宇宙線，あるいは放射線によって偶発的に気体が電離し，1秒あたり10個/cm³程度の割合で電子と正イオンがそれぞれ発生している．

　電源電圧をゼロから高めていくと，同図(b)の領域Aのように電極間電圧に比例して電流が流れる．この電流は，電極間の偶存電子および正イオンが，電極の電圧（電界）によって電極に流入することで流れる．電極間電圧が高まると，電極に流入する電子および正イオンの量が増えるため，電流は電圧に比例する．

　領域Bでは，電極間電圧が高まっても電流はほとんど増加していない．これは，自然に発生した電子および正イオンがすべて電極に

2 プラズマの基礎

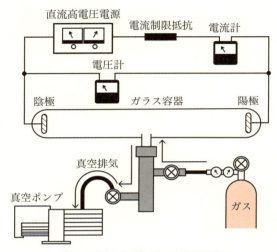

(a) 低気圧直流放電の実験装置概略

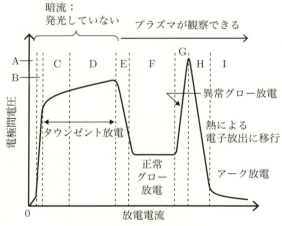

(b) 放電管の電圧 − 電流特性

図2・10　低気圧直流放電の特性

2.2 低気圧直流放電を観察すると

吸収されているからである.

領域Cでは，α作用によって電子および正イオンが増殖し，電流が急激に流れ始める.

領域Dでは，γ作用の効果で電極間電圧がほとんど変化しなくとも電流が流れるようになる.

しかし，このAからDの領域では，流れる電流が極めて小さく，放電管内に発光が見られない. そのためこの領域は暗流とよばれる.

さらに電源電圧を高めると，領域Eのように電極間電圧が低下し電流が増大する. ここではタウンゼントの火花条件が満たされ，自続放電が始まっている. この領域以降は，放電によって管内に発光したプラズマが観察できる.

続いて領域Fでは，電極間電圧が一定で電流が増大する. この領域では正常グロー放電という安定な放電が観察できる.

領域Gに入れば，電極間電圧と電流がともに増える正特性を示す異常グロー放電となる.

領域Hでは，電流が急増するとともに電極間電圧が急減する. この領域では，電子の発生が電界によるものから熱による電子放出に移行し，領域Iでは激しい光を発するアーク放電となる.

⑾ 低気圧での正常グロー放電の様子

図2・10(b)の領域Fで見られる正常グロー放電について，放電管内の発光の様子を図2・11に示す. 同図では，空気を用いているので，おもに窒素プラズマが観察できる. また，直流放電では放電管内全体が発光しているわけではなく，部分的に光っていない所もある.

左側の陰極前面付近は，電極間に印加した電圧の大部分が分担され，電界が非常に強い. そのため，陰極から発した電子が過剰にエネルギーを得てしまい，かえって気体粒子と衝突しにくくなって発

2 プラズマの基礎

光しない。このことから，陰極前面は陰極暗部とよばれる．

電子が気体粒子と適度に衝突していくと，電子のエネルギーは程よい大きさになる．このようになると，負グローと呼ばれる発光領域が現れる．つまり，この領域では，電子は気体粒子と盛んに衝突を繰り返し，電離や励起が行われている．

負グローにおいて電子はエネルギーの大部分を使い果たすため，次の領域は再び発光しなくなる．この領域をファラデー暗部という．電子はファラデー暗部で電界からエネルギーを得て加速を始めている．

ファラデー暗部で電子が十分なエネルギーを得ると，再び発光する領域である陽光柱が出現する．なおグロー放電とは，一般にこの陽光柱をさす．陽光柱の発光は負グローにくらべ弱いが，その範囲

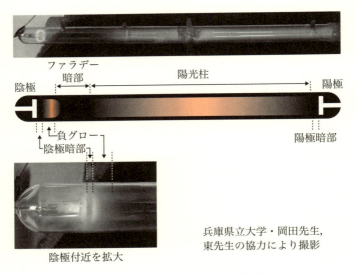

兵庫県立大学・岡田先生，東先生の協力により撮影

図2・11 低気圧グロー放電の発光

は非常に長い．電子は陽光柱でエネルギーを使い果たし，陽極前面は発光しない．この領域を陽極暗部という．

2.3 プラズマの分類

(i) プラズマの電子温度と電子密度

　気体が放電し，プラズマが点灯しているとき，そこには電子，正イオン，および電離していない気体粒子がランダムに分布している．これら3種類の粒子群は，プラズマ中でたえず運動している．粒子が運動するにはエネルギーが必要で，その単位は[eV]が使われる．1 eVは，図2・12に示すように電子が1 Vの電圧で得たエネルギー（1.6×10^{-19} J）に相当し，絶対温度に換算すると11 600 K（ケルビン），摂氏では11 327 ℃となる．なお，電子，正イオン，気体粒子の温

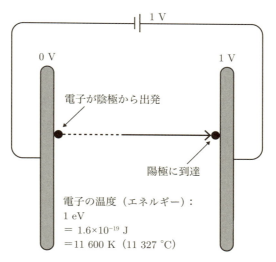

図2・12　電子温度1 eVの意味

2 プラズマの基礎

度は，いつも一致しているとは限らない．

3種類の粒子の密度も，粒子の種類ごとに区別される．密度の単位は[個/m^3]であるが，一般に「個」は省略され[m^{-3}]と書かれる．また，プラズマの定義から電子と正イオンの密度はほぼ等しい．

では，プラズマの温度および密度といえば，具体的にどの粒子の値をさすのであろうか？ 実はプラズマの温度と密度は，電子温度と電子密度で表すことが多い．この理由は様々にあるが，例えば計測技術の観点から考えると，電子温度および電子密度は簡単に計測することが可能である．そのため，電子の温度および密度でプラズマの状態を表現することは都合がよいのである．

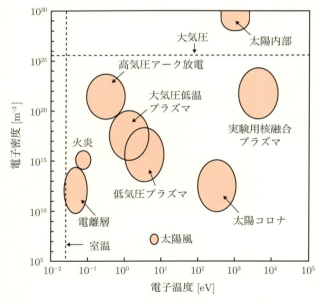

図2・13　いろいろなプラズマの電子温度と電子密度

2.3 プラズマの分類

図2・13に、さまざまなプラズマの電子温度と電子密度の関係を示す。図中の点線は、それぞれ室温と大気圧を表しており、交点が一般的な室内の値を意味している。同図を参照することで、それぞれのプラズマの電子温度および電子密度の比較が簡単にできる。くわしくは後述するが、とくに、低気圧プラズマと大気圧低温プラズマは重複する部分があり、よく似た特徴を持っていることに留意してほしい。

(ii) 電離度による分類

容器に封入している気体粒子は、プラズマの点灯によってどれくらいの割合で電離しているのだろうか？ 図2・14のように、プラズマ点灯前に $N_n \, [\mathrm{m}^{-3}]$ の密度で気体粒子が容器に封入されていたと

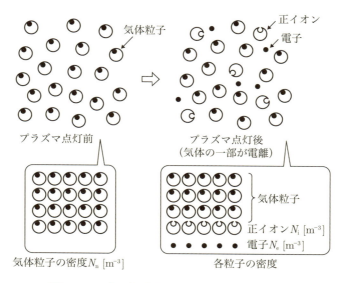

図2・14 プラズマ点灯前後の各粒子の変化と密度

2 プラズマの基礎

する. このうち, プラズマが点灯すると気体粒子の一部が電離し, $N_e[\mathrm{m}^{-3}]$ の電子および $N_i[\mathrm{m}^{-3}]$ の正イオンに分かれた. 前述したように, プラズマの定義では電子密度と正イオン密度はほぼ同じであるため, $N_e = N_i$ である. ここで, プラズマ点灯前の気体粒子密度 N_n に対する点灯後の電子密度 N_e の比を電離度という.

$$\text{電離度} = \frac{\text{電子密度 } N_e[\mathrm{m}^{-3}]}{\text{プラズマ点灯前の気体粒子密度 } N_n[\mathrm{m}^{-3}]} \quad (4)$$

後述する蛍光灯, ネオンサイン, あるいはプラズマディスプレイパネルなどの光源に使用される低気圧プラズマでは, 電離度は 10^{-4} 程度である. つまり, 10 000個の気体粒子に対してわずか1個の割合でしか電離しておらず, 残り9 999個は電離していない. このように電離度が小さいプラズマを弱電離プラズマという.

表2・1に, いくつかのプラズマの電離度を示す. 電離度が 10^{-2} より大きいアーク放電プラズマや高度1 000 km以上の宇宙は強電離プラズマに分類される. また, 核融合プラズマや太陽のコロナは電離度1の完全電離プラズマである.

表2・1 いろいろなプラズマの電離度と分類

プラズマの種類	電離度	電離度による分類
蛍光灯, ネオンサイン	10^{-4}	弱電離プラズマ
半導体プロセス用 低気圧プラズマ	$10^{-10} \sim 10^{-4}$	弱電離プラズマ
アーク放電プラズマ	10^{-2}	強電離プラズマ
核融合プラズマ	1	完全電離プラズマ
太陽のコロナ	1	完全電離プラズマ

2.3 プラズマの分類

コラム　完全電離プラズマ

　気体がすべて電離し，電離度が1と見なせる完全電離プラズマには，太陽中心部の熱核融合プラズマがある．また，地上で人工的に太陽をつくり出そうとしている核融合発電のプラズマも，完全電離プラズマの一つである．

　人工的に核融合を起こすにはいくつかの反応があるが，研究の第一段階としてもっとも反応が起こりやすいD-T反応が試みられている．Dは重水素，Tは三重水素（Tritium）である．この反応を実現するには，重水素と三重水素の混合燃料を1億℃まで加熱しなければならない．この温度では，原子はすべて電離状態となり，完全電離プラズマとなる．しかも，発生しているプラズマを，D-T反応が生じるまで所定の時間・密度で閉じ込める必要がある．

　プラズマは放っておけば拡散して広がろうとするため，これを閉じ込めるにはオーロラと同じように磁場が利用される．図2・15に，トカマク方式とよばれる磁場閉じ込め装置の概略を示す．コイルに電流を流すと電磁石になるが，トカマク装置ではポロイダルコイル，トロイダルコイル，センターソレノイドコイルという3種類のコイルを用いた超伝導電磁石によってプラズマをドーナツの形で閉じ込める．

　なお，太陽などの天体では，自身の強大な重力によってプラズマの膨張を抑えることができるので，磁場を必要としない．

〔図版提供〕核融合科学研究所

図2・15　トカマク方式の磁場閉じ込め方式のイメージ

2 プラズマの基礎

(iii) 温度による分類

　プラズマの状態を説明するには，電子温度および電子密度を用いることが一般的であると説明した．では，もしプラズマを触ることができるとすれば（実際は気圧の関係で触れない），手が感じる実際の温度は，電子，正イオン，気体粒子のうちどの粒子によって決定されるだろうか？　答えは，正イオンおよび気体粒子である．これは，温度には粒子の大きさが関係するからである．正イオンや気体粒子は電子に比べて極めて大きいので，その気体の全体的な温度を決定することになる．

　温度でプラズマを分類すると，低温プラズマと高温プラズマに分けることができる．

　低温プラズマは，文字どおり温度が低いプラズマである．しかし詳しく見ると，3種類の粒子の温度は次の関係になっている．

$$\text{電子温度} \gg \text{正イオン温度} \fallingdotseq \text{気体粒子温度} \qquad (5)$$
（数万度）　　　　　　　（室温～数百度）

　このように，正イオンと気体粒子は低温であるため低温プラズマとよばれるが，電子は桁違いに温度が高い．低温プラズマは，温度の平衡がとれていないことから，非熱平衡プラズマともよばれる．

　高温プラズマは低温プラズマとは異なり，次のように3種類の粒子の温度がほぼ等しくかつ高温である．

$$\text{電子温度} \fallingdotseq \text{正イオン温度} \fallingdotseq \text{気体粒子温度} \qquad (6)$$
（全てが高温状態）

2.3 プラズマの分類

高温プラズマは，3種類の粒子の温度が平衡状態であるため熱平衡プラズマ，あるいは高温であるため熱プラズマとよばれる．

ⅳ 気圧による分類

気体の圧力によってプラズマを分類すると，低気圧プラズマおよび高気圧プラズマに分かれる．

低気圧プラズマは，蛍光灯やプラズマディスプレイパネルなどのように，圧力を低くした気体中で生成される．例えば，蛍光灯内の圧力は200〜400 Pa（パスカル）である．私たちの生活空間の気圧が1気圧＝1 013.25 hPa（ヘクトパスカル）＝101 325 Paであることを考慮すると，少なくとも1/1 000以下の圧力であることがわかる．

圧力は気体粒子の密度と関連しており，低気圧では気体粒子の個数が少ない．図2・16に示すように，気体粒子の数が少ないとき，電子は気体粒子や正イオンと衝突する確率が低くなる．そのため，電子は電界から加速されやすくなり，エネルギー（温度）が高くなる．逆に，正イオンは電子に比べて重いため，容易にはエネルギーが増大しない．この結果，正イオンは温度が低いままとなる．電荷を帯びていない気体粒子も，電子および正イオンとの衝突確率が低いため，正イオンと同じく温度が低い．

このように低気圧プラズマは，低温プラズマ（非熱平衡プラズマ）になりやすい．また，低気圧かつ低温のプラズマは電離度が小さいので，弱電離プラズマでもある．

2 プラズマの基礎

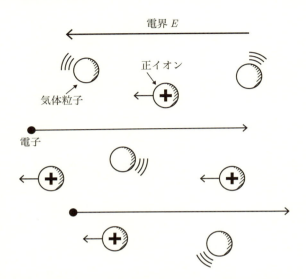

3種類の粒子が少ないため，電子はぐんぐん加速され高温になる．正イオンや気体粒子は動きが鈍く衝突する機会が少ないため温度が低い．この結果，温度が非平衡になる．

図2・16　低気圧プラズマ中の粒子の概略

　一方，大気圧付近の高気圧状態で生成したプラズマは，高気圧プラズマあるいは大気圧プラズマとよばれる．高気圧状態では，図2・17に示すように，電子，正イオン，および気体粒子が密集し，お互いに衝突しやすい．粒子は衝突によってエネルギーを与え合い，3種類の粒子群の温度はほとんど同じになる．そのため，高気圧プラズマは，高温プラズマ（熱平衡プラズマ，熱プラズマ）になりやすい．

　低気圧気体中での非熱平衡プラズマが電界からのエネルギーによって維持されているのに対して，高気圧気体中での熱平衡プラズマはおもに熱エネルギーによって維持されている．また，アーク放電に

2.3 プラズマの分類

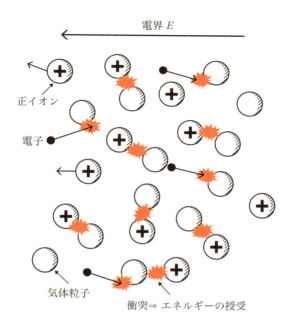

3種類の粒子が密集しているので盛んに衝突しあい，エネルギーを授受しあうことで温度が平衡する．

図2・17 高気圧プラズマ中の粒子の概略

代表される熱平衡プラズマは，強電離プラズマになりやすい．

(ⅴ) **プラズマの分布からわかること**

さて，ここまで電離度，温度，および気圧によってプラズマを分類し，紹介してきた．分類方法によってさまざまな名称のプラズマが出てきたが，図2.18の分布図では，ほぼ破線で囲んだ三つのカテゴリーに分かれる．

これまでの説明から，一般的には以下のように考えられる．

- 低気圧プラズマ＝低温プラズマ（非熱平衡プラズマ）＝弱電離プラズマ
- 高気圧プラズマ＝高温プラズマ（熱平衡プラズマ，熱プラズマ）＝強電離プラズマ

しかし，その枠に当てはまらないケースもある．例えば，大気圧低温プラズマは，高気圧であるが低温プラズマ（非熱平衡プラズマ）であり，弱電離プラズマである．

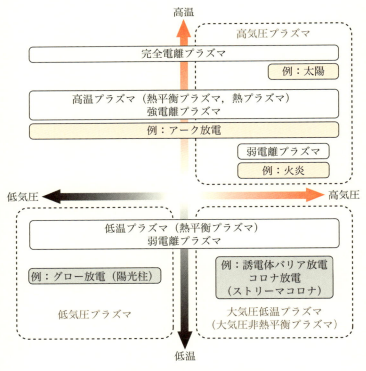

図2・18　プラズマの分布と具体例

2.4 プラズマの性質

(i) 低気圧における低温プラズマの特徴

低気圧気体中で発生させた低温プラズマは，電子のみが数 eV（数万度）と高温（高エネルギー）で，正イオンおよび気体粒子は低温である．

低温プラズマの応用では，高エネルギー電子の役割が重要である．図 2・19 のように，高エネルギーの電子が気体粒子に衝突すると，エネルギーは気体粒子に移動する．エネルギーを受け取った気体粒子は，化学反応しやすい状態に変化する．このような化学反応性の高い粒子を活性種とよぶ．活性種は他の分子と結合したり，他の分子の一部を奪いとるなど様々な化学反応を起こす．この特徴は，半導体などを製造するプラズマプロセス技術に広く応用されている．

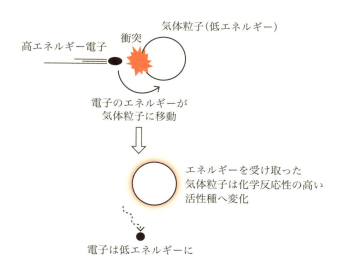

図 2・19　電子の衝突による活性種の生成

2 プラズマの基礎

(ii) 高気圧における熱プラズマの特徴

　高気圧気体中で発生させた熱プラズマは，電子，正イオン，および気体粒子それぞれの温度が高温かつほぼ等しい．特に，正イオンおよび気体粒子のような重い粒子が高エネルギーであるため，高温状態を簡単に達成できる．

　化学反応は高温になると反応速度を増すので，熱プラズマは有害化合物の分解や材料の合成など，様々な化学反応に応用することが可能である．また，熱プラズマによって達成できる温度は，燃焼や電気炉などによるものよりも極めて高温で加熱源にも応用できる．

(iii) 大気圧低温プラズマ（大気圧非熱平衡プラズマ）

(1) 特徴

　低気圧から大気圧以上の高気圧におけるプラズマ中の電子および正イオン温度の関係を図2・20に示す．なお，気体粒子の温度は正イオン温度と同程度としてよい．同図のように，気圧が10^2 mmHg未満の低気圧領域では，電子温度が正イオン温度に比べて高い．気圧が高くなるにつれて電子と正イオンの温度差は小さくなり，大気圧以上では同じ温度，つまり熱平衡になっている．

　一方，放電方式を工夫して正イオンおよび気体粒子の加熱を抑制すると，大気圧においても非熱平衡の低温プラズマである大気圧低温プラズマ（大気圧非熱平衡プラズマ）を発生させることが可能である．

　粒子群の加熱を抑制するもっとも簡単な方法は，図2・21に示すように電圧の印加と停止を短い時間で繰り返すことである．このようにパルス状に気体を放電させると，放電中はプラズマが発生して粒子が加熱されるが，放電停止中は粒子が冷却される．結果として，低気圧プラズマと同じように電子のみが高温で，正イオンおよび気体粒子は低温である非熱平衡プラズマが形成される．

2.4 プラズマの性質

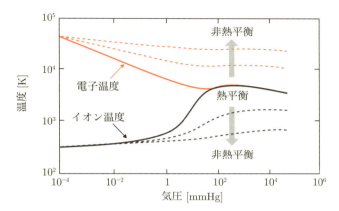

気圧が高くなると,電子,正イオン,および気体粒子が熱平衡になるが,放電方式を工夫すると非熱平衡を達成できる.

図2・20 気体の気圧と電子温度およびイオン温度の関係

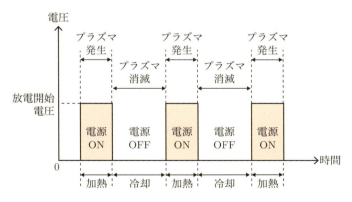

放電をパルス状にする(電源のON・OFFを繰り返す)と,プラズマの消滅中に各粒子が冷却されるので,非熱平衡プラズマになりやすい.

図2・21 大気圧低温プラズマを発生させるための工夫

2 プラズマの基礎

(2) 発生させる方法 (パルス状放電方式)

大気圧低温プラズマを発生させるには，プラズマの点灯と消灯を繰り返すようなパルス状の放電方式を採用する必要がある．一般的には，コロナ放電あるいは誘電体バリア放電が採用される．

(a) コロナ放電

コロナ放電とは，図2・22のように「針」対「平板」のような非対称な電極系で生じる放電である．

平板電極を接地して針電極に直流高電圧を印加すると，同図(a)のように針先端が弱く発光するグローコロナが観察できる．

電圧を高めると，同図(b)のように針先端から無数のブラシが伸びたブラシコロナとなる．

さらに電圧を高めると，同図(c)のようにコロナの発光が平板まで到達したように見える．これは，細い線状の放電が多数集まって形成されたものである．これをストリーマコロナとよぶ．ストリーマはプラズマ状態になっている．

これを経て，同図(d)のように火花放電し，最終的には針と平板間が完全に全路破壊する．

コロナ放電では，コロナの1本1本が瞬間的なパルス状のプラズマである．

2.4 プラズマの性質

(a) グローコロナ
針先端が薄く光る

(b) ブラシコロナ
針先端から光がブラシ状に伸びる

(c) ストリーマコロナ
ストリーマ（プラズマ状態）が形成される

(d) 火花放電
最終的に，針−平板間が全路破壊する

図2・22　コロナ放電の進展

2 プラズマの基礎

(b) 誘電体バリア放電

　誘電体とは，ガラスなどの絶縁体をイメージしてほしい．誘電体バリア放電は，図2・23のように向かい合った電極をガラスなどの誘電体板でカバーし，交流高電圧を印加して発生させる放電方式である．

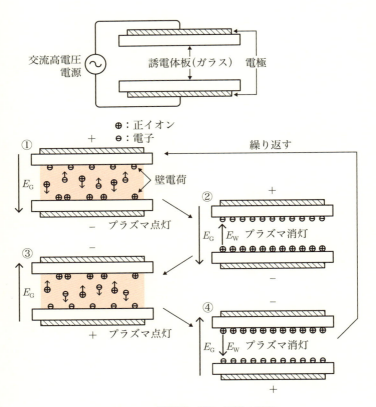

図2・23　誘電体バリア放電の進展

2.4 プラズマの性質

いま，上電極が陽極，下電極が陰極とすると，電極間空間で放電が起こり電子は陽極側へ，正イオンは陰極側へ移動する．しかし，誘電体が電極への荷電粒子の流入をせき止めるため，荷電粒子は誘電体表面に蓄積され壁電荷となる（同図①）．壁電荷は電極間空間の電界 E_G と逆方向の電界 E_W を形成するため，ついに放電は停止してプラズマが消灯する（同図②）．

交流電源によって今度は上電極が陰極，下電極が陽極となると，壁電荷は電極間空間の電界を強め，放電が再び発生する（同図③）．この放電中も誘電体表面に壁電荷が蓄積し，放電を停止させる（同図④）．この後，電極の極性がさらに反転すると，三度放電が発生する．

このように，交流電源を用いることで放電の発生と停止が交互に起こり，パルス状の低温プラズマが発生する．

(3) 活性種形成の応用

大気圧低温プラズマは，高電子温度および低イオン温度が特徴である．このことから，低気圧プラズマと同様に化学反応性の高い活性種を形成することができる．さらに，低気圧プラズマに比べて圧力が数桁高いため，形成される活性種の密度が高く，化学反応が速く進むという利点がある．

空気中で発生させた大気圧低温プラズマでは，酸素および窒素に由来する活性種が重要である．これらはそれぞれ活性酸素種（Reactive Oxygen Species：ROS）および活性窒素種（Reactive Nitrogen Species：RNS）という．ROS には，図 $2 \cdot 24$ のように励起された酸素分子である一重項酸素 $^1O_2$，オゾン O_3，ヒドロキシラジカル OH，スーパーオキシドアニオンラジカル O_2^-，ヒドロペルオキシラジカル HO_2，過酸化水素 H_2O_2 がある．RNS には，図 $2 \cdot 25$ のように一酸化窒素 NO，二酸化窒素 NO_2，亜酸化窒素 N_2O，その他の窒素酸化物 NO_x

53

2 プラズマの基礎

活性酸素種
<u>R</u>eactive <u>O</u>xygen <u>S</u>pecies（ROS）

1. 一重項酸素 $^1O_2$
2. オゾン O_3
3. ヒドロキシラジカル OH
4. スーパーオキシドアニオンラジカル O_2^-
5. ヒドロペルオキシラジカル HO_2
6. 過酸化水素 H_2O_2

図2・24　活性酸素種(ROS)の種類

活性窒素種
<u>R</u>eactive <u>N</u>itrogen <u>S</u>pecies（RNS）

1. 一酸化窒素 NO
2. 二酸化窒素 NO_2
3. 亜酸化窒素 N_2O
4. その他の窒素酸化物 NO_x

図2・25　活性窒素種(RNS)の種類

がある．これらROSやRNSは，生体や細胞への作用が強いとされ，医学・生物学の分野において注目されている．

2.4 プラズマの性質

コラム　活性種およびラジカル

プラズマ中の電子が気体粒子に衝突すると，それをエネルギーの高い状態に励起する（1.2(ii)参照）．特に，気体粒子が酸素や窒素などのように化学反応性を持つ場合，それらは活性種（活性酸素種や活性窒素種）となる．活性種の中には，「ラジカル」とよばれる，不対電子を持った原子および分子がある．

「ラジカル」とはどのようなものか，ヒドロキシラジカル（OH）を例に説明しよう．図2・26のように，水分子（H_2O）は酸素から6個，水素から各1個の合計8個の電子で安定化し，電子2個がそれぞれ対となっている．水分子に電子が衝突すると，HとOHに分かれることがある．このとき，対になっていた電子を1個ずつ引き取って分かれるため，これが不対電子となる．不対電子を持ったOHはヒドロキシラジカル，Hは水素ラジカルとなる．ラジカルが不対電子を持っていることを表すため，「・」を付けて「・OH」と書くことがある．

ラジカルは電子が1個欠けているため不安定であり，言い換えれば化学反応性が高いことが特徴である．

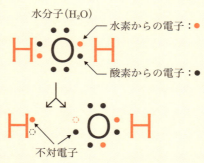

図2・26　水分子から分かれたヒドロキシラジカルと水素ラジカル

3.1 低気圧における低温プラズマの応用

③ プラズマの応用

3.1 低気圧における低温プラズマの応用

　低気圧気体中で形成された電離度の小さい低温プラズマは，古くから照明用の光源や半導体を製造するための応用技術として発展し，すでに広く利用されている．本章では，低気圧気体中での低温プラズマの応用として，光源，半導体プラズマプロセス，および医療滅菌技術を紹介する．

（i）光源への応用

　プラズマの光源への応用は，電離気体にプラズマという名称が使われる以前から実施されてきた．現代でプラズマを利用した光源として最も一般的なものは，蛍光灯（水銀蛍光ランプ）であろう．蛍光灯はあまりにも私たちの生活に溶け込んでいるため，これがプラズマ応用技術であると気づいていない人が多いのではないであろうか．

　図3・1を用いて，蛍光灯が発光する原理を説明しよう．蛍光灯は，水銀粒子から発生する波長253.7 nmの紫外線を利用している．蛍光灯のガラス管内には，数百パスカル（Pa）の圧力のアルゴンと微量の水銀が封入されている（アルゴンが封入される理由は，後述の「ペニング効果」を利用するためである）．蛍光灯のスイッチを投入すると，フィラメントは電流によって高温に加熱される．この結果，フィラメント内部の自由電子が外に放出される．これを熱電子放出とよぶ．放出された電子は電界によって加速され，水銀粒子に衝突してエネ

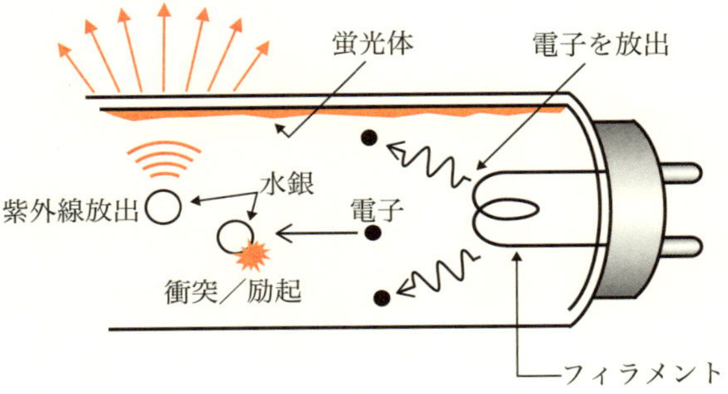

3 プラズマの応用

紫外線が蛍光体にあたると可視光線へ変わる

蛍光体　電子を放出

紫外線放出　水銀　電子

衝突／励起

フィラメント

図3・1　蛍光灯が発光する原理

ルギーを与える．これによって水銀粒子は励起状態となり，脱励起
の際にエネルギーを紫外線として放出する．紫外線は蛍光管内壁に
塗られた蛍光体を励起し，可視光線を発することで室内空間を明る
く照らす．

　プラズマの光源は，大型ディスプレイ装置にも利用されている．
家庭用薄型ディスプレイ装置として，現在はLEDを光源に利用した
液晶テレビが主流である．それ以前は，プラズマの光源を利用した
プラズマディスプレイパネルが大型ディスプレイ装置に使用されて
いた．図3・2(a)のプラズマディスプレイパネルは，前述の蛍光灯と
同じように放電にともなう紫外線を赤（R），緑（G），および青（B）
の蛍光体に照射して発色している．その発光セルの概略を同図(b)に
示す．プラズマディスプレイパネルは，RGBの各セルが1セットに
なってフルカラーを表現する．2枚のガラス基板にはさまれた各セ
ルの中央の空間には，減圧したキセノンがネオンあるいはヘリウム
で希釈されて封入されている．2種類の混合ガスを使用してペニン

3.1 低気圧における低温プラズマの応用

〔出典〕 パナソニック株式会社ホームページ

(a) プラズマディスプレイパネル

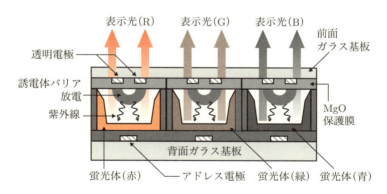

(b) プラズマディスプレイパネルの発光セルの概略

実際に放電する電極(二つの透明電極)が絶縁体である酸化マグネシウム(MgO)保護膜に覆われているが,誘電体バリア放電とよばれる放電が発生して点灯し,紫外線が発生する.

図3・2 プラズマディスプレイパネル

3 プラズマの応用

グ効果を利用している点も蛍光灯と同様である.

前面ガラス基板にある1対の透明電極間に交流電圧を印加すると誘電体バリア放電が起こり,キセノンがプラズマ状態となって紫外線を放出する.透明電極を覆っている酸化マグネシウム（MgO）保護膜は,電極保護の役割のほかに,正イオンの衝突によって電子を放出しやすいという特徴から用いられている.

キセノンプラズマからは波長 173 nm の紫外線が放出され,これが各色の蛍光体にあたることで発色する.MgO保護膜は透明であるため,可視光線が図中の上向きに出力される.各セルのサイズは,1〜100 μm と極めて小さい.

> ### コラム ペニング効果
>
> プラズマを点灯するには,気体を放電させなければならない.放電は,気体中に用意した電極に電圧を与えることで生じるが,できれば低い電圧で放電してくれた方が電源を小さくできるのでお得である.これを可能にするのがペニング効果である.ペニング効果とは,放電させるべき気体に別の気体を混合し,電子だけでなく励起された気体粒子も利用して電離を起こしやすくするものである.
>
> 蛍光灯を例にとって説明しよう.蛍光灯は,水銀（Hg）から放たれる紫外線を用いて明かりを灯している.しかし,管内には水銀のほかにアルゴン（Ar）も封入されている.第1編では省略したが,気体には励起状態を長時間維持できるものがある.このような粒子は準安定粒子とよばれ,アルゴンも準安定粒子になることができる.準安定粒子はエネルギーが高いので,近くにいる水銀に衝突するとこれを電離させる.ここまでの流れを式および図3・3で表そう.

3.1 低気圧における低温プラズマの応用

$$Ar + e \rightarrow Ar^* + e \qquad (1)$$
(電子(e)の衝突によりArが準安定粒子：Ar*に変化)

$$Ar^* + Hg \rightarrow Ar + Hg^+ + e \qquad (2)$$
(Ar*がHgに衝突し，Hgを電離)

このように，水銀にアルゴンを混合することで，電子の衝突電離のほかに新しい電離パターンが追加される．その結果，水銀のみのときより低い電圧で放電の開始と維持が可能になる．

蛍光灯のほかにも，プラズマディスプレイなど光源に利用されるプラズマでは，このペニング効果がよく応用されている．準安定粒子になりうる気体として，ヘリウム(He)，ネオン(Ne)，クリプトン(Kr)，キセノン(Xe)，および窒素(N)などがある．

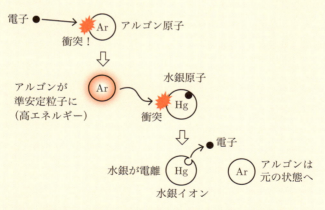

図3・3　アルゴンと水銀のペニング効果の流れ

3 プラズマの応用

(ii) 半導体プラズマプロセスへの応用

　低気圧中の低温プラズマは電子のみが数エレクトロンボルト（eV）と高エネルギー（高温，数万度）であり，正イオンおよび気体粒子は低温である．高エネルギー電子が気体粒子に衝突すると，その粒子を化学反応しやすい状態に変化させる．このような化学反応性の高い活性種は，他の分子と様々な化学反応を起こす．この特徴は，半導体集積回路を製造するプラズマプロセス技術で応用されている．

　半導体集積回路製造の流れは図3・4のとおりである．まず，シリコン等の基板を用意し，薬品等により洗浄したあと，これにプラズマによって薄膜を形成する（同図(a)，(b)）．次に，感光材料であるレジスト膜を薄膜上に形成し，マスクを通して紫外線で感光させる（同図(c)，(d)）．感光した箇所は，現像処理によって除去される（同図(e)）．これに続いて，同図(f)のようにプラズマを用いて薄膜に溝を掘る工程がプラズマエッチングである．最後に，(g)のようにレジスト膜を除去する工程がプラズマアッシングである．このように，半導体集積回路を作製する工程のいくつかで低気圧での低温プラズマが活躍している．

　ここでは，プラズマプロセス技術の一つであるプラズマエッチングを説明する．エッチング（Etching）とは，対象物に溝を掘るように削ることを意味する．太陽電池や大規模集積回路LSIの製造では，シリコン基板上に形成した薄膜に溝を掘る工程がある．しかも，溝の幅は$1\,\mu\mathrm{m}$（マイクロメートル，マイクロは1/100万のことで，$1\,\mu\mathrm{m}$は$10^{-6}\mathrm{m}$）以下と極めて狭い．このような微細な溝を掘る技術が，プラズマエッチングである．プラズマエッチングには，プラズマ中の活性種を利用する等方性エッチングと，イオンを利用する異方性エッチング（非等方性エッチングともいう）がある．

3.1 低気圧における低温プラズマの応用

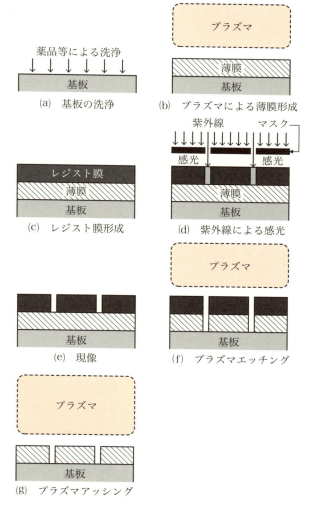

図3・4 半導体集積回路の製造の流れ

3 プラズマの応用

図3・5に，フルオロカーボンCF_4ガスを用いたSiO_2膜のプラズマエッチングのイメージを示す．CF_4ガスでプラズマを点灯すると，CF_3，CF_2，CF，F，およびCなどの数種類の活性種およびイオンが生成される．

同図(a)の等方性エッチングでは，SiO_2に到達したFやCF_2が，次のような化学反応によってSiF_4としてSiO_2を削り取っていく．

$$SiO_2 + 4F \rightarrow SiF_4 + O_2 \qquad (3)$$
$$SiO_2 + 2CF_2 \rightarrow SiF_4 + 2CO \qquad (4)$$

活性種は電荷を帯びていないので，自由な角度で対象物に向かっていく．したがって，SiO_2膜は真下方向だけでなく横方向にも削れてしまうことになる．溝は，真下方向のみに削っていくことが望ましい．

そこで，真下方向にシャープな溝を掘る方法がイオンを利用した異方性エッチングである．イオンは正電荷であるため，電界によって進む方向をコントロールすることができる．同図(b)に示すように，プラズマとSiO_2を含む基板との間には，シース電界という電界が形成されている．シース電界の向きはプラズマからSiO_2の方向であるため，この電界によってイオンはプラズマから引き出され真っすぐにSiO_2膜へ向かっていく．CF_4ガスを用いた場合，エッチングは先ほどと同様に式(3)および(4)で進行し，溝を真下方向に掘っていける．ただしこの場合，FおよびCF_2はイオンである．

3.1 低気圧における低温プラズマの応用

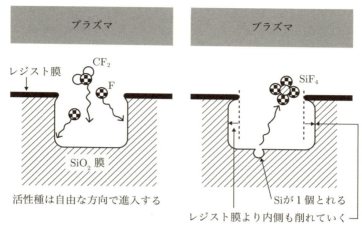

(a) 等方性エッチングの概略

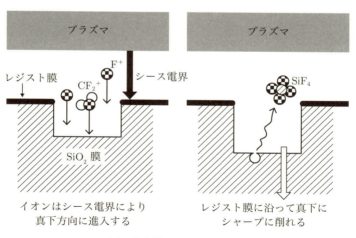

(b) 異方性エッチングの概略

図3・5 プラズマエッチング

3 プラズマの応用

(iii) 医療用滅菌技術への応用

半導体プラズマプロセス技術において，プラズマ中の活性種が重要な役割を果たすと説明した．この活性種を利用すれば，細菌を殺すことも可能である．低気圧中の低温プラズマを利用した滅菌技術はすでに実用化されており，本節では，過酸化水素ガスを用いた滅菌技術について説明する．

細菌，つまり微生物はたいてい熱に弱いため，古くから高温の蒸気を利用する高圧蒸気滅菌が採用されていた．しかし，高圧蒸気滅菌ではプラスチックのように高温に耐えられないものを滅菌することができない．

そこで，低温の滅菌技術として表3・1に示すように酸化エチレンガス滅菌，電子線・ガンマ線滅菌などが開発された．これによって低温での滅菌が実現したが，有毒な酸化エチレンガスの使用や大掛かりな電子線・ガンマ線発生装置の導入などが必要で，一長一短があった．

表3・1 医療用滅菌技術

	酸化エチレンガス滅菌	電子線・ガンマ線滅菌	高圧蒸気滅菌	低温プラズマ滅菌
装置サイズ	小〜大型	大型	小〜中型	小〜中型
滅菌温度	$50 \sim 60\,°C$	常温	$115 \sim 126\,°C$	$70\,°C$以下
滅菌時間	数時間	数十分〜数時間	数時間	数十分〜数時間
コスト	低〜中	中〜高	低	低
備考（問題点など）	残留する酸化エチレンガスの毒性	大掛かりな装置が必要	耐熱性のない器具は処理できない	容器内滅菌が必要

3.1 低気圧における低温プラズマの応用

　このような背景のもと，1990年代初めごろに過酸化水素の低温プラズマを利用した滅菌技術が実用化された．低温プラズマ滅菌は，安全性が高く処理時間が短いという利点がある．図3・6に，例としてジョンソン・エンド・ジョンソン社の過酸化水素低温プラズマ滅菌システムの写真を示す．

　滅菌処理の流れを，図3・7を用いて説明する．滅菌したい器具を滅菌容器内に配置し，真空ポンプによって容器を排気する．これに続いて過酸化水素液を容器に導入すると（同図①），過酸化水素は即座に気体になる（同図②）．次に，低気圧の過酸化水素に高周波あるいはマイクロ波で電力を与えると（同図③），過酸化水素の低温プラズマが点灯する．過酸化水素のプラズマが点灯すると，紫外線が放出されるとともに次のように化学反応性の高い活性種が形成される．

・ヒドロキシラジカル（OH）

・ヒドロペルオキシラジカル（OOH）

・過酸化水素（H_2O_2）

　この紫外線と活性種により微生物が殺滅されると考えられている．また，高周波あるいはマイクロ波の供給を停止し（同図④），清潔な空気を導入すると，過酸化水素のプラズマは水 H_2O と酸素 O_2 に再結合する（同図⑤）．

3 プラズマの応用

〔出典〕 ジョンソン・エンド・ジョンソン株式会社 ASP事業部
ホームページ

図3・6 過酸化水素低温プラズマ滅菌システム（STERRAD）

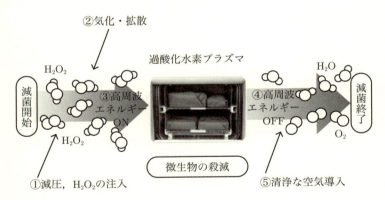

〔出典〕 ジョンソン・エンド・ジョンソン株式会社 ASP事業部
ホームページ（画像をもとに作図）

図3・7 低温プラズマによる滅菌の流れ

3.2 高気圧における熱プラズマの応用

　高気圧気体中で発生させた熱プラズマとしての高気圧プラズマの特徴は，電子，イオン，および気体粒子それぞれの温度が高温かつほぼ等しいことである．とくに，イオンおよび気体粒子のような重い粒子が高エネルギーであるため，高温状態を簡単に達成できる．化学反応は高温になると反応速度を増すので，熱プラズマは様々な化学反応に応用することが可能である．本章では，熱プラズマの応用をいくつか紹介する．

(i) 有害物質の分解技術への応用

　オゾン層の破壊や地球温暖化の原因ガスとして，フロン類が挙げられる．フロン類は，炭素，水素，およびハロゲンを多く含む化合物の総称であり，これらを分解する技術が求められてきた．フロン類は，高温にすると比較的簡単に分解できる．しかし，分解された炭素（C）やフッ素（F）が冷却の段階でCF_4のような有害な副生成物を形成してしまうことが問題であった．そこで，このような副生成物を形成せずにフロン類を分解・回収する方法に，熱プラズマが応用された．

　フロン類の分解には，水蒸気を原料とした熱プラズマが利用される．図3・8に，水蒸気の熱プラズマによるフロン類分解の流れを示す．熱プラズマ内は温度が非常に高く，様々な化学反応が活発に起こるので，これによってフロン類は原子レベルまで分解される．また水蒸気による熱プラズマでは，HおよびOのラジカルが存在する．フロン類の分解で発生するCはOラジカルによって一酸化炭素COあるいは二酸化炭素CO_2となり，塩素Clやフッ素FはHラジカルによって塩化水素HClやフッ化水素HFとなる．これによって有害な

3 プラズマの応用

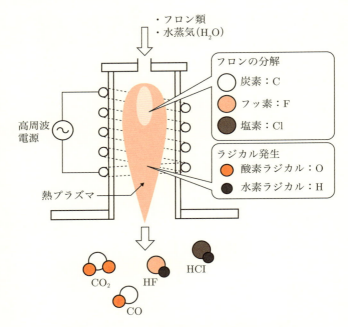

図3・8 熱プラズマによるフロン類の分解の流れ

副生成物の発生が抑制される.

(ii) 手術器具への応用

熱プラズマは，医療器具へも応用されている．手術器具としてすでに実用化されているものに，アルゴンプラズマ凝固法（<u>A</u>rgon <u>P</u>lasma <u>C</u>oagulation：APC）がある．

アルゴンプラズマ凝固法の概略を図3・9に示す．ノズルにアルゴンガスを流し込み，ノズルの内側に配置した棒状の電極と患部付近に用意した接地電極間に350 kHz（キロヘルツ）程度の交流高電圧を印加する．これによってアルゴンのプラズマが発生するが，電源のパ

3.3 大気圧低温プラズマ（大気圧非熱平衡プラズマ）の応用

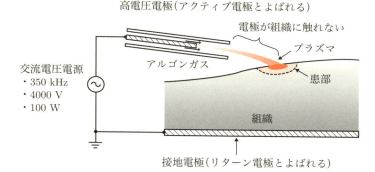

図3・9　アルゴンプラズマ凝固法

ワーが100 W程度と大きいため，プラズマは熱的なものとなる．このプラズマを患部に照射すると，患部の表面組織が焼けた後に凝固する．この効果によって止血が可能になる．また，組織を熱によって破壊できることから組織の切断や腫瘍の破壊にも応用され，アレルギー性鼻炎治療へも実用化されている．

3.3 大気圧低温プラズマ（大気圧非熱平衡プラズマ）の応用

　大気圧低温プラズマは，低気圧プラズマで必要だった真空関連設備が不要であるため，容易に発生させることが可能である．そのため，近年は大気圧低温プラズマが産業に応用されている．本章では，大気圧低温プラズマの応用として，大気環境浄化，水環境浄化，医療応用，農業，および水産業への応用を紹介する．

(i) 大気環境浄化への応用

　都会，特に交通量が多いところでは，空気が汚れているとよく言われる．これは，大気に汚染源である粒子状汚染物質とガス状汚染

3 プラズマの応用

物質が含まれるからで，大気圧低温プラズマはこれらの除去に応用されている．

表3・2に，主な大気汚染物質を示す．

粒子状汚染物質は，粒子径がマイクロメートル（μm）級の微小な粒子の総称である．粒子状汚染物質のうち，特に清浄化を必要とす

表3・2　大気汚染物質の種類とその影響

	種類	発生源	影響
粒子状 汚染 物質	微粒子	ディーゼルのすす，タバコの煙，焼却炉，花粉，黄砂，PM2.5など	咽喉炎（いんこう）などの健康被害，大気汚染
ガス状汚染物質	窒素酸化物（NOx），硫黄酸化物（SOx），塩化水素（HCl）	自動車，燃焼機関，工場排ガスなど	目，のどの痛み，酸性雨，光化学スモッグ
	一酸化炭素（CO），二酸化炭素（CO_2），一酸化二窒素（N_2O），メタン（CH_4）	自動車，燃焼機関，工場排ガス，有機物の腐敗など	頭痛，めまい，地球温暖化
	揮発性有機化合物 VOC（トルエン C_7H_8 など）	家具，壁紙，カーペット，カーテン，床材，マジックなど	シックハウス，発がん性などの健康被害
	クロロフルオロカーボン（CFC）フロン（CFC-12（CF_2Cl_2），CFC-113（$C_2F_3Cl_3$）など）	産業排ガス，クリーニング，冷蔵庫，エアコン	発がん性，オゾン層破壊
粒子とガスの混合	ダイオキシン類	廃棄物焼却炉，ごみ焼却炉	健康被害

3.3 大気圧低温プラズマ（大気圧非熱平衡プラズマ）の応用

るものとしてディーゼル車，火力発電設備，およびボイラーなどから排出される粒子状物質がある．また，近年では中国大陸から日本列島に流れ込む PM2.5 も大気汚染の原因として無視できないものとなっている．

ガス状汚染物質とは，窒素酸化物 NOx（ノックス），硫黄酸化物 SOx（ソックス），揮発性有機化合物（Volatile Organic Compound：VOC），クロロフルオロカーボン，およびフロンなどをさす．NOx とは，一酸化窒素 NO および二酸化窒素 NO_2 の総称である．また，SOx とは一酸化硫黄 SO，二酸化硫黄 SO_2，および三酸化硫黄 SO_3 の総称である．NOx および SOx は，酸性雨や光化学スモッグの原因となる有害物質であり，おもに高温での燃焼によって生成される．NOx は火力発電所や工場からだけでなく，ガソリン自動車の排気ガスにも含まれる．特に，都市部の自動車から排出される NOx は大気汚染の原因となるため，排出ガス規制などにより排出量を減らす努力が続けられている．

では，実際に大気圧低温プラズマは大気汚染物質をどのように除去しているだろうか．粒子状汚染物質を放電プラズマによって除去する装置を電気集塵機とよぶ．電気集塵機の概略を，図3・10を用いて説明する．同図は，金属線と平板電極を用いた方式である．金属線には負の直流高電圧が印加され，その先端は錘をつるしてピンと張っている．金属線を挟む平板は，接地電極を兼ねる粒子捕集用プレートである．この金属線－平板電極間に，捕集されるべき粒子状汚染物質を含む汚れた空気を導入する．

図3・11を用いて，粒子状汚染物質が捕集されるまでの流れを説明する．負の直流高電圧によって，放電電極周辺にはコロナ放電が発生し，気体中に負イオンが発生する．この負イオンは，左側から

3 プラズマの応用

流れてきた被捕集粒子に付着し，負に帯電させる．負に帯電した被捕集粒子は，金属線－平板間の電界によるクーロン力を受け，接地電極を兼ねる粒子捕集用プレートにキャッチされる．

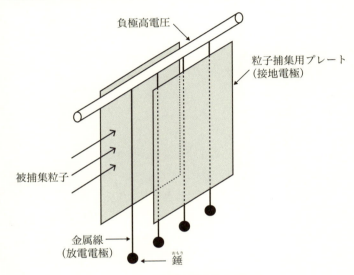

図3・10 電気集塵機の概略

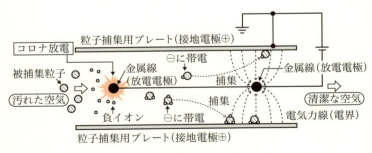

図3・11 電気集塵機における粒子捕集の流れ

3.3 大気圧低温プラズマ（大気圧非熱平衡プラズマ）の応用

電気集塵機の集塵効率は，粒径 $0.5 \sim 20\ \mu m$ の粒子に対して $90 \sim 99.9\ \%$ と非常に高い．また圧力損失が小さいという特徴もある．

一方，窒素酸化物（NOx）などのガス状汚染物質は電気集塵機では捕集できないので，プラズマ化学反応によって無害化する．大気圧低温プラズマ中に空気や NOx を含む燃焼排ガスを導入すると，空気中の酸素 O_2 から酸素原子 O およびオゾン O_3 が生成される．

$$O_2 + e \ \rightarrow\ 2O + e \tag{5}$$
$$O_2 + O + M \ \rightarrow\ O_3 \tag{6}$$

ここで，e は電子である．M は第三体（酸素分子や窒素分子に相当）であり，化学反応の過剰エネルギーを受け取る．また，空気に水分（H_2O）が含まれていれば，ヒドロキシラジカル（OH）も生成される．

$$H_2O + e \ \rightarrow\ H + OH + e \tag{7}$$

これらの活性種が存在する領域に NOx が導入されると，まずは NO が酸化され NO_2 となる．

$$NO + O + M \ \rightarrow\ NO_2 + M \tag{8}$$
$$NO + O_3 \ \rightarrow\ NO_2 + O_2 \tag{9}$$

これに続いて，NO_2 の一部はヒドロキシラジカルとの反応によって硝酸 HNO_3 になる．

$$NO_2 + OH + M \ \rightarrow\ HNO_3 + M \tag{10}$$

3 プラズマの応用

硝酸は水に溶解するため、処理ガスを水に接触させることで気相から分離することができる.

(ii) 水環境浄化への応用

水環境は、大気環境と同様にわれわれの生活にとって重要である. 例えば飲料水などの上水は、浄水場にて適切な処理を経て家庭に送られている. 浄水場での水処理では塩素による消毒がなされているが、塩素は水の殺菌処理に有効である反面、有機物との反応により発がん性をもつトリハロメタンを生成する.

そこで、近年、塩素に代わる水処理方法としてオゾン処理が実施されるようになった. オゾンは、きわめて強い酸化力をもつため、酸化、分解、殺菌、脱色、あるいは脱臭などの用途に有効である.

オゾンを水処理に使用する場合、気体中つまり水の外でオゾンを生成し、図3・12のように水中にバブリングする. オゾンは、誘電体バリア放電機構を持つオゾナイザとよばれる装置で生成される.

〔出典〕 東京都水道局ホームページ

図3・12 オゾンのバブリングによる水処理の例

3.3 大気圧低温プラズマ（大気圧非熱平衡プラズマ）の応用

　大量のオゾンを生成するには，図3・13のような同軸円筒構造のオゾナイザが有効である．同図は，円筒状ガラス管を誘電体に使用した片側バリア方式のオゾナイザの概略図である．円筒の軸方向に原料ガス（酸素O_2）を導入し，電極間に交流高電圧を与えてガラス管周辺に大気圧低温プラズマを発生させる．プラズマ中では，プラズマ化学反応によってオゾンO_3が生成される．

　オゾナイザは，下水処理，し尿処理，プール水の浄化，食品工業用水の殺菌，医療用水製造装置などの多くの水処理に利用されている．例として，図3・14に，プール水の浄化システムとしての事例を示す．

　オゾンを利用したプール水の処理では，以下の点でメリットがあるとされている．

・塩素よりスピーディに殺菌できる

・耐塩素性のある寄生性原虫（クリプトスポリジウム）にも有効

・水の透明度が高い（図3・15参照）

・水質向上により補給水量が低減

・厚生省新水質基準をクリア

　産業の発達とともに，排水に含まれる水中汚染物質も多種にわたり，中にはオゾンをもってしても分解できない難分解有害物質がある．これらの難分解有害物質を分解する新しい手法として，オゾンより強い酸化力をもつヒドロキシラジカル（OH）を用いた方法が開発された．ヒドロキシラジカルを利用した水処理は，促進酸化法（Advanced Oxidation Process：AOP）とよばれる．

　ヒドロキシラジカルを発生させる方法はいくつかあるが，プラズマ技術によって発生することも可能である．ヒドロキシラジカルは寿命が極めて短いため，水中で直接放電を生じさせ，プラズマを点

3 プラズマの応用

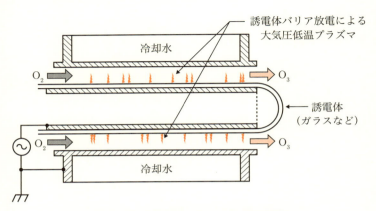

図3・13　同軸状オゾナイザの断面構造

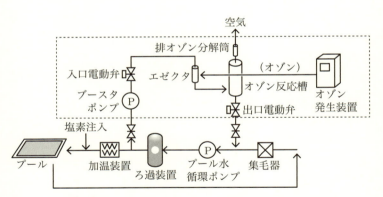

〔出典〕 三菱電機プラントエンジニアリング株式会社ホームページ
　　　　（画像をもとに作図）

**図3・14　オゾナイザによるプール水の処理システムの例
（プール浄化システム MP20T-K）**

3.3 大気圧低温プラズマ（大気圧非熱平衡プラズマ）の応用

(a) オゾン水処理装置導入前　　(b) オゾン水処理装置導入後

オゾン水処理装置の導入により，水の透明度が向上している．

〔出典〕三菱電機プラントエンジニアリング株式会社ホームページ

図3・15　オゾン水処理装置導入前後の水の透明度

灯させることが有効である．図3・16に，水中パルスストリーマ放電について示す．同図(a)のように，水中においても放射状に広がる筋状の放電が生じ，その先端は超高電界であるとともに，放電路の周辺には衝撃波が発生している（同図(b)）．また，放電によって紫外線が放射されている．さらに，水に由来する活性種としてH_2O_2, OH, O，およびO_3も生成される．これらの様々な効果によって，水処理を実施することが可能である．

図3・17にプラズマ技術を採用した促進酸化システムの例を示す．同図では，水面上からの放電によってヒドロキシラジカルを形成している．難分解有害物質を含む被処理水を，接地電極を兼ねる傾斜状流路に導入し，非対称形状の電極に高電圧パルスを印加することでパルス状のコロナ放電プラズマを形成する．気体中および気液界面で生成されたヒドロキシラジカルが難分解有害物質に作用し，これを分解して水を浄化する．

3 プラズマの応用

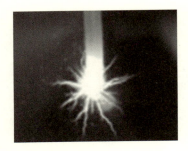

〔出典〕 株式会社末松電子製作所ホームページ

(a) 水中パルスストリーマ放電の様子

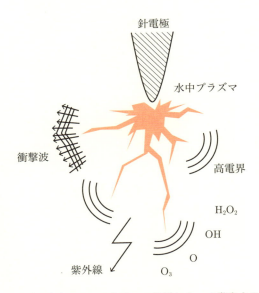

(b) 水中パルスストリーマ放電によって発生するもの

図3・16 水中パルスストリーマ放電

3.3 大気圧低温プラズマ（大気圧非熱平衡プラズマ）の応用

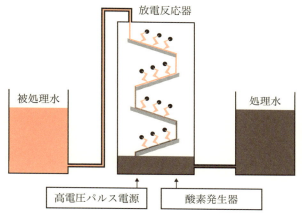

〔図版提供〕 三菱電機株式会社（図版をもとに作図）

図3・17 促進酸化法を応用した水処理システムの例
（気液界面放電水処理　実験装置概念図・イメージ）

(iii) 医療技術への応用

3.1で紹介した低気圧における低温プラズマ滅菌システムは，低温プラズマで発生させた紫外線およびラジカルなどの活性種によって滅菌をおこなっていた．さらに現在では，大気圧低温プラズマによる滅菌技術が国内外で研究されている．

図3・18に，大気圧低温プラズマを滅菌に応用した研究例を示す．低気圧における低温プラズマ滅菌と同様，菌の殺滅を担うのは紫外線とラジカルと考えられている（同図(a)）．大気圧低温プラズマにおいても，ヒドロキシラジカルなどのラジカルが生成できるため，滅菌は可能である．同図(b)では，大気圧低温プラズマを大腸菌に照射すると，大腸菌が変形することが確認された．また，細胞内に含まれるカリウムが漏出し，プラズマが細胞壁に損傷を与えていること

3 プラズマの応用

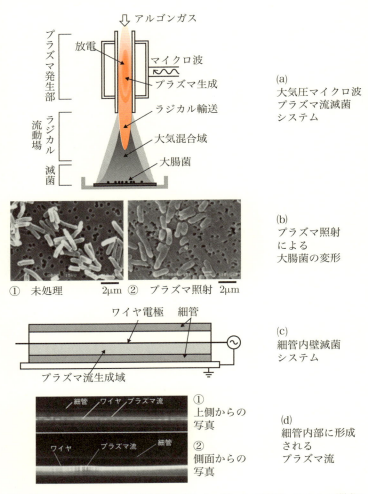

(a) 大気圧マイクロ波プラズマ流滅菌システム

(b) プラズマ照射による大腸菌の変形

(c) 細管内壁滅菌システム

(d) 細管内部に形成されるプラズマ流

〔出典〕 佐藤岳彦:"大気圧非平衡プラズマ流による滅菌システムの開発", 日本機械学会誌, Vol.110, No.1063 (2007) の図版をもとに作成

図3・18 大気圧非熱平衡プラズマによる滅菌の研究例

3.3 大気圧低温プラズマ（大気圧非熱平衡プラズマ）の応用

も明らかにされた．

　一方，大気圧低温プラズマは放電電極をアレンジすることが容易であるため，同図(c), (d)のように，チューブなどの細管内にもプラズマを点灯させることができる．この利点を活かして，医療用の柔らかい細管，カテーテルの内壁を滅菌処理することも可能である．これは，低気圧プラズマにはない大気圧低温プラズマの特長といえる．

　医療技術へのプラズマ応用は近年特に注目され，国内外で研究が進められている．その一例が，がん細胞への大気圧低温プラズマの照射効果についてである．近い将来において，プラズマによるがん治療のメカニズムが解明すれば，手術，抗がん剤治療，放射線治療に続くがん治療の第4の柱になることが期待できる．

⒤ 農業への応用

　農業というと田，畑，あるいはビニールハウスなど，屋外で行うイメージがある．しかし，近年では図3・19に示すように，「植物工場」として屋内で気温や照明の管理のもと，農作物が「製造」されている．植物工場での栽培は，天候や自然災害の影響を受けにくいという長所がある．一方で，温度管理装置や照明装置などの初期設備費や運転コストが高く，出荷された作物の価格が高くなる傾向にあるため，効率的な運用が求められている．プラズマやその周辺技術によって植物の成長を促進したり，収穫量を改善することができれば，これが可能になるかもしれない．

　植物工場など，屋内での植物栽培が可能になったのは養液栽培技術によるところが大きい．養液栽培とは，土（土肥という）を使わず液体肥料（液肥という）を用いた栽培方法である．土肥を使用しないため，高さ方向の空間を有効利用して作物を育てることが可能である．また，屋外での露地栽培で起こる連作障害（同じ作物を毎年栽培

3 プラズマの応用

〔出典〕 パナソニック株式会社ホームページ

図3・19 植物工場の例（パナソニック）

すると，土質が偏り病害が発生する）がなく，栄養分の供給を制御できるという利点がある．

養液栽培は図3・20に示すように，ロックウール（人造の鉱物繊維）などの培地を用いて植物を固定する固形培地耕栽培（同図(a)）と，培地を用いない水耕栽培（同図(b)）に大別される．ここでは水耕栽培の流れを見てみよう．まず，発芽・育苗した苗を栽培ベッドに配置する．栽培槽内には市販の液肥を水で希釈した培養液が貯められており，植物はこの培養液を根から吸収する．減少した分の培養液は定期的に追加され，液肥タンクからポンプを経由して循環する．

ここで，循環方式の養液栽培ならではの問題がある．養液栽培では多数の苗に対して培養液を共用しているため，ある苗で根部病害が生じたとき二次的な感染が広がりやすく，壊滅的な被害になりかねない．そのため，培養液の殺菌が重要となる．

近年，培養液の殺菌方法としてプラズマ技術が研究されている．水中でプラズマを発生させると，周辺には殺菌能力をもつ高電界，衝撃波，紫外線，オゾン，過酸化水素，およびヒドロキシラジカルな

3.3 大気圧低温プラズマ（大気圧非熱平衡プラズマ）の応用

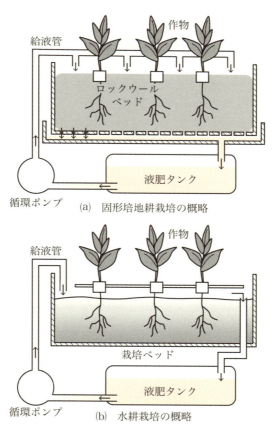

図3・20 養液栽培のしくみ

どが生じ，複数の効果が望める．現在の培養液の殺菌技術には熱処理，紫外線照射処理，オゾン処理，あるいは膜ろ過等があるが，プラズマによる殺菌がこれらに対して初期設備費およびランニングコストを低く抑えられれば，新しい殺菌方法として期待できる．

3 プラズマの応用

また，空気を原料にしたプラズマで栄養素を生成し，養液栽培に応用する研究も近年実施されている．植物が根から吸収する養分には，窒素，リン，カリウム，あるいはカルシウムなどがある．この中で窒素は主に「硝酸態窒素」(酸化した窒素) の一つ，硝酸イオン (NO_3^-) の形で植物に吸収される．養液栽培で使用される液肥には硝酸カリウムや硝酸カルシウムとして硝酸態窒素が含まれている．

空気 (窒素 N_2 および O_2) 中で放電を生じさせたとき，放電生成物として窒素酸化物 (NO_x ($x=1,2$)) が形成される．このうち二酸化窒素 (NO_2) が水中の OH と結合すると，硝酸 (HNO_3) となる．硝酸はさらに水中で電離 (ここでは陽イオン H^+ と陰イオン NO_3^- に分かれること) し，硝酸イオン (NO_3^-) として固定化される．この硝酸イオンを根から吸収することで，植物の成長が促進されるという報告もなされてきた．

養液栽培におけるプラズマ技術の応用は，培養液の殺菌と栄養素の供給を同時に実施できる可能性を秘めており，植物工場における生産の効率化が期待されている．

(ⅴ) 水産業への応用

島国である日本において，農業のほかに漁業も重要な一次産業の一つである．さらには漁業と水産加工業を含めた水産業は，人々の生活を豊かにするために発展が期待される産業分野である．プラズマ応用技術は，この水産業にも展開されようとしている．

3.3(ⅱ)において，プラズマを用いた水処理技術を紹介した．それは主に有害有機物の分解を対象としたものだったが，水産業においては，有害有機物のほかに水中の微生物の不活化が求められるケースもある．ここでは，水中パルス放電によるアオコの不活性化を紹介する．

3.3 大気圧低温プラズマ（大気圧非熱平衡プラズマ）の応用

　湖沼，ダム，あるいはため池等のいわゆる閉鎖性水域には，周辺から流れ込んだ窒素やリンによる富栄養化によって，藍藻プランクトン「アオコ」が発生することがある．アオコが大量発生すると，景観を損なうだけでなく，異臭，毒素，および魚の大量死等の環境問題にもつながっていく．このアオコの一種であるミクロキスティスに対して，水中パルス放電による不活性化の実験が試みられた．円筒形の金属容器を接地電極とし，中央に高電圧電極を配置して水中パルス放電システムが構成された．この容器中にミクロキスティスを含む水を貯め，その中でパルス放電処理が行われた．

　図3・21は，水中パルス放電の前後における水の様子である．同図左側は，水中パルス放電前の水であり，ミクロキスティスは湖沼での状態と同じように水面に浮いている．一方，右側のように水中パルス放電を施した場合は，水面に浮遊するミクロキスティスはほとんどなく，容器の底に沈んでいることがわかる．

　水中パルス放電の前後におけるミクロキスティスの細胞内部の様子を図3・22に示す．未処理のミクロキスティスの細胞は，同図左のように複数の気泡を含んでいる．この気泡が浮き袋の役割をし，アオコは水面付近に浮遊している．一方，水中パルス放電を施すと，同図右のように細胞内から気泡が消失していることがわかる．これは，水中パルス放電によって水中に発生した衝撃波が，気泡を破壊したためである．浮き袋を失ったアオコは容器の底に沈降し，光合成機能が停止して増殖不可能となる．

3 プラズマの応用

アオコは水面に浮いている

水面にはほとんどアオコがいない

アオコは底面に沈んでいる

パルス放電前　　パルス放電後

〔出典〕 株式会社荏原製作所ホームページ

図3・21　水中パルス放電の前後における水の様子

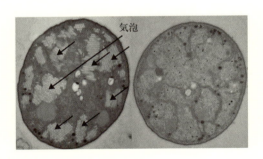

気泡

〔出典〕 株式会社荏原製作所ホームページ

図3・22　水中パルス放電の前後におけるミクロキスティスの様子

88

1. 大気圧低温プラズマジェットツールの制作

~巻末付録~
プラズマを点けよう

　プラズマを発生させようとすると，大掛かりで高価な電源装置や付属機器が必要になるのではないか，とイメージするかもしれない．筆者も大学時代からプラズマに関する研究に携わっていたが，低気圧プラズマを扱っていたため，真空装置や高電圧電源等の設備が必要であると思いこんでしまっていた．

　しかし，プラズマのサイズを1センチメートル程度に小さくすれば，最適な放電の形式およびガスの種類を選ぶことで，簡単にプラズマを発生させることは可能である．プラズマを簡単かつ安い材料で発生させることができれば，プラズマ応用研究にチャレンジしようとする若者が増え，同研究の裾野が広がることも期待できる．

　そこで巻末付録では，プラズマ原料ガス以外の材料を1 000円程度で準備できる，手持ちサイズの大気圧低温プラズマツールの作り方および実験例を紹介する．

　なお，本書で紹介する大気圧低温プラズマツールは個人レベルで制作できるが，プラズマの発生や応用の実験を行う場合は，必ず指導者の指示のもと安全に進めてほしい．

1. 大気圧低温プラズマジェットツールの制作

　本書で制作する大気圧低温プラズマツールは，幅広い用途に対応できるようジェットタイプとする．完成のイメージを図1に示す．このプラズマジェットツールは，プラズマジェットノズル，高電圧

~巻末付録~ **プラズマを点けよう**

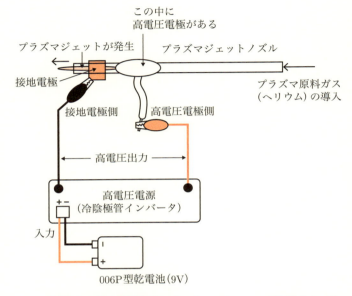

図1 制作する大気圧低温プラズマジェットツールの完成イメージ

電源，およびプラズマ原料ガスの三つのパートから構成される．以下，それぞれについて解説する．

(i) **プラズマジェットノズル**

プラズマジェットノズルの役割は，プラズマ原料ガスを適切に導き排出すること，放電用の電極を内包することである．小さい投入電力で確実に放電を発生させるため，放電形式として第2編で紹介した誘電体バリア放電を採用する．誘電体バリア放電の特徴をおさらいすると，放電形成のための電極を誘電体（ガラスなど）でバリアすることであった．これにより，放電がパルス状に発生し，大気圧下においても低温のプラズマを生成できる．

1. 大気圧低温プラズマジェットツールの制作

図2に,プラズマジェットノズルの概略を示す.ノズルは直径が1.5 mm,肉厚が0.6 mmの「石英ガラス管」を,高電圧電極および接地電極は銅シートを使用する.

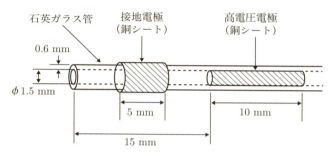

図2 プラズマジェットノズルの概略と寸法

図3に,ノズルの制作方法を示す.石英ガラス管を先端から20 mmのところで切断し(同図①),ガラス管の内側に円筒状に丸めた銅シートを挿入して高電圧電極とする.また,高電圧電極にはリード線を巻きつけて外に出しておく(同図②).切断したガラス管を元に戻し(同図③),ガスが漏れ出てこないようにシールテープ等を巻いて隙間を埋める(同図④).ボンドで固めてもよい.

次に,接地電極として,石英ガラス管の外側から銅シートを円筒状に巻きつける(図2).このようにすることで,高電圧電極と接地電極の間に誘電体が挿入され,誘電体バリア放電を形成することができる.高電圧電極がプラズマ原料ガスに直接触れるため,小さい投入電力でも放電を生じさせることが可能である.

～巻末付録～ プラズマを点けよう

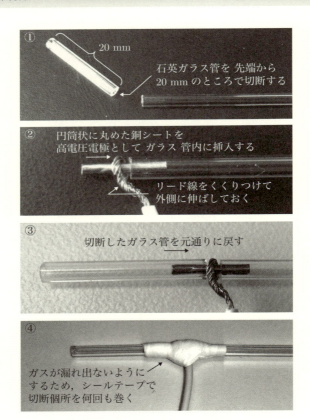

図3 プラズマジェットノズルの制作方法

(ii) 乾電池で駆動する高電圧電源

　プラズマを発生させるにあたり，コストの面でもっとも苦心するものは高電圧電源の準備であろう．本書で紹介する大気圧低温プラズマジェットツールでは，前述のように誘電体バリア放電方式を採用する．この放電方式では，直流高電圧電源は使用できず，交流あ

1. 大気圧低温プラズマジェットツールの制作

るいはパルス高電圧電源を使用することになる．予算に余裕がある場合は，高性能な高電圧電源を購入できるが，本書では，プラズマが簡単に，しかも安い材料で点けられることを強調したい．そこで，乾電池を電力源とした低周波交流高電圧電源を紹介する．

大気圧下で安定な誘電体バリア放電を発生させるために使用する交流高電圧電源では，一般に周波数がキロヘルツ（kHz）のものが選ばれる．高価で高性能な電源では，周波数を任意に調節できるものがほとんどだが，本書では周波数を固定することでコストを抑えよう．

また，大気圧という高気圧の状態で気体を放電させるには，一般には数千ボルト（V）の電圧値が必要である．乾電池電源で発生できる交流高電圧電源の出力電圧は，高価な電源に比べると低いことは否めない．そこで，詳細は後述するが，プラズマ原料ガスに低い電圧でも放電する気体を選ぶことで，乾電池による交流高電圧電源でもプラズマが発生できるようにする．

(1) 冷陰極管インバータ

乾電池は当然のことながら直流電圧源である．これを周波数がキロヘルツ（kHz）の交流高電圧に変換するには，いくつかの電気素子が必要である．本書では，完成品として販売されている小型の交流高電圧電源である冷陰極管インバータを使用する．

冷陰極管とは，液晶パネルのバックライト用光源にも使用される電子管の総称である．名前についている「冷」は，光の点灯に蛍光灯の場合のような陰極の加熱が不要であることを意味する．この冷陰極管を点灯させるための電源が，冷陰極管インバータである．なお，インバータとは直流あるいは交流から，周波数の異なる交流をつくり出す回路のことである．冷陰極管インバータの特徴として，

~巻末付録~ プラズマを点けよう

直流5～12Vを入力すると,周波数がキロヘルツ(kHz)の低周波交流高電圧が発生する.電気電子工作部品を取り扱っている専門店では,1 000円以下で購入できる.

図4に,冷陰極管インバータの例を示す.回路の主な構成部品は,2個のnpn型バイポーラトランジスタ,共振トランス(変圧器),およびコンデンサである.この回路の動作を簡単に説明すると,共振トランスの1次側巻線インダクタンスと回路中のコンデンサが共振現象を起こすことで,周波数がキロヘルツの交流電圧が発生する.この電圧がトランスによって昇圧され,2次側に交流高電圧が出力される.冷陰極管インバータの詳しい動作原理は,専門書に譲る.

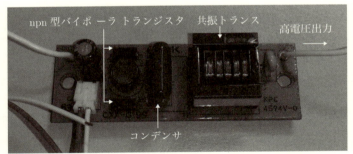

(株式会社秋月電子通商,現在は類似品に変更されている)

図4 冷陰極管インバータの例

(2) オゾン発生器用電源

予算に余裕がある場合は,図5に示すような「オゾン発生器用電源」を購入してもよい.オゾン発生器は,その名のとおりオゾンを発生させる機器である.オゾン発生器用電源は,前述の冷陰極管インバータとはトランスのサイズが大きい点が異なり,これによって

出力電圧値が10 000 V前後と十分高い．

オゾン発生器用電源は，10 000円前後から購入できるようである．また，インターネットで検索すると，出力電圧が直流のものも含まれているので，必ず交流を選択してほしい．直流では誘電体バリア放電は発生しない．

（左：LHV-13AC，右：LHV-10AC，ロジー電子株式会社）

図5　オゾン発生用高電圧電源の例

(iii) プラズマ原料ガスの選択

プラズマ原料ガスを選択する際の条件は，以下のようにまとめられる．

① 人体に害のないもの

放電前・後において化学反応性が低く，安定なガスであること．

② 放電開始電圧が低いもの

乾電池で動作する交流高電圧電源では，出力電圧をあまり高くすることができない．そのため，できる限り低い電圧でも放電開始と放電状態の維持が可能なガスを選択する必要がある．

③ 手軽に購入できるもの

~巻末付録～ プラズマを点けよう

研究用途ではなく市販されており，中学校や高校でも購入できるもの．

これらの条件を満たすガスとして，一般的には希ガスであるヘリウムあるいはアルゴンが候補にあがる．希ガスとは，原子の周期表で最右列のガスであり，化学反応性が低く安定であることが特徴である．

本書ではヘリウムを選択した．ヘリウムは，大量に吸い込まない限り人体に影響はない．この対策として，実験中は十分に換気をすればよい．また，ヘリウムは希ガスのなかでも放電開始電圧がきわめて低く，アルゴンよりも低い電圧で放電の開始と維持が可能である．この点については，2.1(iv)のパッシェンの法則を確認してもらいたい．図2・7において電極間距離を 1 cm としたとき，大気圧付近の圧力（10^2 mmhg）ではアルゴンよりもヘリウムの方が放電開始電圧が小さいことがわかる．

ヘリウムは，パーティーグッズや風船用としてスプレー缶のものも販売されている．ただし，これらの充填量は数リットルなので，プラズマの発生時間は数秒～数十秒程度である．

2 プラズマを点灯しよう

(i) 大気圧低温プラズマジェットの様子

それでは，大気圧低温プラズマジェットノズルを制作し，プラズマを発生させたときの様子を観察しよう．ヘリウムガスは，工業用ガスボンベのものを使用し，毎分 2 L（リットル）の流量でノズルに導入した．冷陰極管インバータへの入力電源を，006P型乾電池を2個直列につないで18 V としたときのプラズマの様子を図6に示す．ガラス管の外側に巻いた接地電極の位置を前後に調整し，もっともノ

2 プラズマを点灯しよう

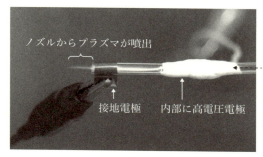

図6 プラズマジェットの様子

ズル先端に近づけたときにプラズマジェットが確認できた．このとき，ノズル先端から約5 mmのプラズマジェットが大気中に噴出している．ノズル周辺の湿度等の条件が変われば，プラズマの長さも変化する．

(ii) 大気圧低温プラズマ点灯中の電圧・電流波形

次に，大気圧低温プラズマが点灯しているとき，高電圧電極に印加されている電圧および放電による電流がどのようになっているかを，オシロスコープで調べよう．図7に，冷陰極管インバータへの入力電圧を直流12 Vとしたときの電圧および電流波形を示す．冷陰極管インバータのトランスとコンデンサの働きによって，もともとは直流だった電圧が交流電圧に変換されている．このとき，高電圧電極に印加されている電圧は，最大値が約600 Vおよび周波数が29 kHzの低周波交流電圧になっている．

電流は，電圧の半サイクルにつき1回の電流がパルス状に流れていることがわかる．この電圧および電流の波形は，プラズマジェットが，安定なグロー放電で発生していることを示している．

~巻末付録~ プラズマを点けよう

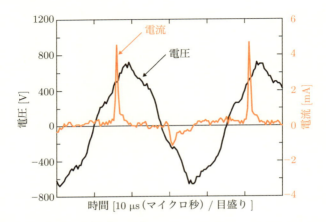

〔出典〕 赤松浩ほか："簡単に始められる大気圧低温プラズマジェットの実験", 神戸高専研究紀要, Vol.50 (2012)

図7 大気圧低温プラズマジェットの電圧・電流波形

(iii) 大気圧低温プラズマジェットの光学評価

　大気圧低温プラズマジェットの色は，ピンクあるいは紫のように見える．これらの色は，プラズマ内にある励起された気体粒子の種類によって決まっている．したがって，プラズマの光を分光器で観測すると，プラズマ内の励起粒子としてどんなものが含まれるかがわかる．制作した大気圧低温プラズマジェットを，分光計で計測した結果を図8に示す．同図において，波長309 nmの大きなピークはヒドロキシラジカル (OH) による発光である．第3編で解説したように，ヒドロキシラジカルは強力な酸化力を持つため，このプラズマジェットツールでもこれを応用した実験が期待できる．また，波長500～700 nmに現れているいくつかのピークは，原料ガスであるヘリウム (He) の励起粒子からの光を示す．さらに，波長777 nm

にある小さいピークは,酸素ラジカル(O)である.酸素ラジカルもヒドロキシラジカルと同様に酸化力が高い.

図6で見られたプラズマが,ピンクや紫色に見えた原因は,図8に示されるようにヘリウムの赤や赤紫の光のためであることがわかる.

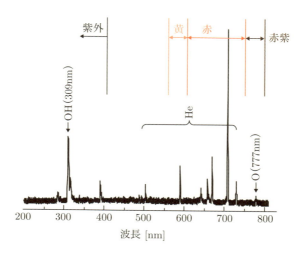

プラズマの光を分光計で計測すると,プラズマに含まれる励起粒子の種類がわかる.このプラズマは主にヘリウムおよびヒドロキシラジカルを含み,さらに酸素ラジカルも含んでいる.

図8 プラズマジェットの発光分光プロファイル

~巻末付録～ プラズマを点けよう

3　大気圧低温プラズマジェットで実験する

　乾電池で手軽にプラズマを発生する方法に続いて，このプラズマを使ってできるいくつかの実験を紹介したい．なお，実験では，冷陰極管インバータへの入力電源として，直流安定化電源（出力電圧12V）を用いている．

(i)　固体表面の有機汚れの分解

　図8での大気圧低温プラズマジェットの光学評価によって，プラズマ中には酸化力が強いヒドロキシラジカルが含まれていることがわかった．この特徴を利用すれば，固体表面の有機的汚れを分解することが可能である．

　そこで，図9のように，アルミニウム板に大気圧低温プラズマジェットを照射し，板表面の洗浄を実験した．大気圧プラズマジェットの照射断面は直径1～2 mm程度と小さいので，固体に照射する際は固体側を1 mm/sの速さでスライドさせて全面をプラズマ処理する．

　固体表面の有機汚れの分解の評価は，表面に滴下した水滴の形状から判断する．大気圧低温プラズマジェットを照射したアルミニウム板に水滴を滴下すると，図10(a)のように，水滴がつぶれて広がる．固体表面の有機汚れが分解できている場合，表面は親水性をもち，水滴は表面に馴染むように広がる．

　これに対して，同図(b)のプラズマジェットを照射していないアルミニウム板では，水滴が玉状に丸まる．固体表面が有機的に汚れていると撥水性を持ち，水滴は表面にはじかれて丸い玉になる．

　以上から，大気圧プラズマジェットツールで固体表面の有機汚れの分解が可能であることがわかった．

3 大気圧低温プラズマジェットで実験する

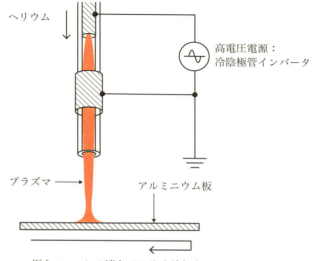

板を1 mm/sの速さでスライドさせ，
プラズマが全体に当たるようにする

図9　大気圧低温プラズマジェットによる固体表面洗浄の実験

(a) プラズマを照射した板

(b) プラズマを照射していない板

図10　アルミニウム板表面の水滴の様子

~巻末付録~ プラズマを点けよう

(ii) 水溶性有機物の分解

 大気圧低温プラズマジェットは，固体だけでなく液体に照射することも可能である．また第3編で説明したように，プラズマ中のヒドロキシラジカルを利用すれば，促進酸化法によって液体中の有機物も分解できる．そこで，水溶性有機物であるメチレンブルーを分解対象とし，大気圧低温プラズマジェットによる分解実験を行った．メチレンブルーは青色の染料であり，金魚の白点病等の治療にも使用されるものである．プラズマでメチレンブルーが分解されると，青色であった水溶液の色が透明に変化することになる．

 図11に，メチレンブルー水溶液への大気圧プラズマ照射実験の概略を示す．濃度 3 mg/L のメチレンブルー水溶液をつくり，縦10

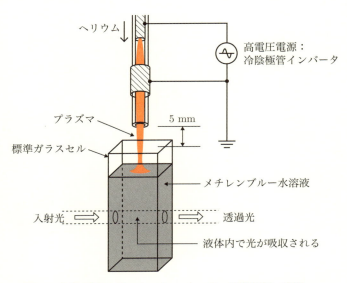

図11 大気圧低温プラズマジェットによる液体処理の実験

3 大気圧低温プラズマジェットで実験する

mm×横10 mm×高さ50 mmの標準ガラスセルに40 mmの高さまで貯めた．大気圧低温プラズマジェットのノズル先端は，標準ガラスセルから5 mmの高さに設置した．この状態で大気圧低温プラズマジェットを点灯し，30分間の照射を行った．

メチレンブルーの色の変化は目視でも確認できるが，マルチカラーLEDを用いた吸光光度法によって数値的に調べることもできる．吸光光度法とは，水溶液に光を照射し，その入射光と透過光の光強度比から吸光度を計測するものである．吸光度はメチレンブルーの濃度と相関性がある．メチレンブルーは赤色の光を吸収する特徴があるので，マルチカラーLEDの赤色の光強度の変化に着目することでメチレンブルーの濃度を概算することができる．

図12に，大気圧低温プラズマジェットを30分間照射したメチレン

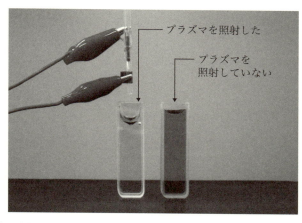

〔出典〕 赤松浩："乾電池で発生させた大気圧プラズマジェットによる水溶性有機物の分解"，プラズマ応用科学，Vol.19，No.2 (2011)

図12 プラズマ照射の有無で比較したメチレンブルー水溶液

~巻末付録~ プラズマを点けよう

ブルー水溶液(左)と，比較のため，プラズマを照射していないメチレンブルー水溶液(右)を示す．プラズマを照射したメチレンブルー水溶液はほぼ透明に変化しており，メチレンブルーが分解されていることがわかる．

図13に，吸光光度法を利用して概算したメチレンブルー水溶液の濃度の変化を示す．プラズマ照射から10分後には，メチレンブルーの濃度が初期値の半分である1.5 mg/Lに低下している．さらに，プラズマ照射から30分後には濃度が0.15 mg/Lとなり，初期値の20分の1まで分解されている．

以上のように，気体中で発生させた大気圧低温プラズマジェットは液体へも作用できることがわかった．

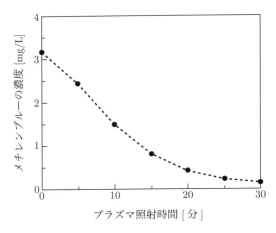

〔出典〕 赤松浩："乾電池で発生させた大気圧プラズマジェットによる水溶性有機物の分解"，プラズマ応用科学，Vol.19, No.2 (2011)

図13 プラズマを照射したメチレンブルー水溶液の濃度変化

3 大気圧低温プラズマジェットで実験する

　冷陰極管インバータを用いた大気圧低温プラズマジェットでも，これらの実験を行うことが可能である．もっとパワーのある電源を使用することができれば，さらに様々な応用実験を進めることができる．安全にはくれぐれも注意しつつ，プラズマ応用研究の楽しさを体験してほしい．

参考文献

[1] 後藤憲一著：『ブルーバックス B-121 プラズマの世界 第四の物質状態をさぐる』，講談社，1968年.

[2] 堤井信力著：『ブルーバックス B-1158 現代のプラズマ工学 プラズマテレビから地球環境の浄化まで』，講談社，1997年.

[3] 山﨑耕造著：『今日からモノ知りシリーズ トコトンやさしい太陽の本』，日刊工業新聞社，2007年.

[4] 上出洋介著：『ブルーバックス B-1713 太陽と地球のふしぎな関係 絶対君主と無力なしもべ』，講談社，2011年.

[5] 岡野大祐著：『解明 カミナリの科学』，オーム社，2009年.

[6] 中野義映著：『大学課程 高電圧工学（改訂2版）』，オーム社，1991年.

[7] 林泉著：『電気・電子・情報・通信 基礎コース 高電圧プラズマ工学』，丸善，1996年.

[8] 飯島徹穂，近藤信一，青山隆司著：『ビギナーズブックス7 はじめてのプラズマ技術』，工業調査会，1999年.

[9] 日本学術振興会プラズマ材料科学第153委員会編：『大気圧プラズマ －基礎と応用－』，オーム社，2009年.

[10] 秋山秀典著：『EEText 高電圧パルスパワー工学』，オーム社，2003年.

[11] 行村建編著：『EEText 放電プラズマ工学』，オーム社，2008年.

[12] 佐藤岳彦著：『大気圧非平衡プラズマ流による滅菌システムの開発』，日本機械学会誌 Vol.110，No.1063，2007年.

[13] 國友新太，佐々木賢一，鮎川正雄，藤原久道著：『水中パルス放電式アオコ増殖防止装置』，エバラ時報 No.217，2007年.

[14] トランジスタ技術special編集部著：『パワー・エレクトロニクス回路の設計（SP No.98）ロスのないスムーズなコントロールを目指して』，CQ出版，2008年.

索　引

あ

アーヴィング・ラングミュアー　2
アーク放電⋯⋯⋯⋯⋯　35,40,44
亜酸化窒素⋯⋯⋯⋯⋯⋯⋯　53
アルゴン⋯⋯⋯⋯　57,60,70,96
アルゴンプラズマ凝固法⋯⋯　70
α（アルファ）作用　⋯⋯　25,28,35
硫黄酸化物⋯⋯⋯⋯⋯⋯⋯　73
異常グロー放電⋯⋯⋯⋯⋯　35
一重項酸素⋯⋯⋯⋯⋯⋯⋯　53
一酸化硫黄⋯⋯⋯⋯⋯⋯⋯　73
一酸化炭素⋯⋯⋯⋯⋯⋯⋯　69
一酸化窒素⋯⋯⋯⋯⋯⋯53,73
異方性エッチング⋯⋯⋯⋯⋯　62
陰極⋯⋯⋯⋯⋯⋯⋯　23,35,53
陰極暗部⋯⋯⋯⋯⋯⋯⋯⋯　36
ウィリアム・クルックス⋯⋯⋯　5
宇宙線⋯⋯⋯⋯⋯⋯⋯⋯23,33
運動エネルギー⋯⋯⋯⋯⋯23,31
エネルギー準位⋯⋯⋯⋯⋯⋯7,9
塩化水素⋯⋯⋯⋯⋯⋯⋯⋯　69
オーロラ⋯⋯⋯⋯⋯⋯⋯⋯　17
オゾナイザ⋯⋯⋯⋯⋯⋯⋯　76
オゾン⋯⋯⋯⋯⋯⋯　53,75,76

か

皆既日食⋯⋯⋯⋯⋯⋯⋯⋯　17
解離⋯⋯⋯⋯⋯⋯⋯⋯⋯⋯5,8
火炎⋯⋯⋯⋯⋯⋯⋯⋯⋯21,29

夏季雷⋯⋯⋯⋯⋯⋯⋯⋯⋯　19
核　⋯⋯⋯⋯⋯⋯⋯⋯⋯⋯　15
過酸化水素⋯⋯⋯⋯⋯⋯53,66
可視光線⋯⋯⋯⋯⋯⋯⋯58,60
活性酸素種⋯⋯⋯⋯⋯⋯53,55
活性種⋯⋯⋯　47,53,55,62,66,75,79
活性窒素種⋯⋯⋯⋯⋯⋯53,55
荷電粒子⋯⋯⋯⋯⋯⋯⋯10,17
壁電荷⋯⋯⋯⋯⋯⋯⋯⋯⋯　53
雷　⋯⋯⋯⋯⋯⋯⋯⋯⋯⋯　19
γ（ガンマ）作用　⋯⋯⋯⋯⋯26,35
完全電離プラズマ⋯⋯⋯⋯　17,41
希ガス⋯⋯⋯⋯⋯⋯⋯⋯⋯　96
気体⋯⋯⋯⋯⋯⋯⋯　3,5,30,93
気体粒子⋯⋯⋯⋯⋯⋯⋯⋯　5
基底準位⋯⋯⋯⋯⋯⋯⋯⋯7,28
強電離プラズマ⋯⋯⋯⋯⋯40,45
偶存電子⋯⋯⋯⋯⋯⋯⋯23,33
クーロン力⋯⋯⋯⋯⋯⋯⋯　74
蛍光灯⋯⋯⋯⋯⋯　14,57,60
原子⋯⋯⋯⋯⋯⋯⋯⋯⋯5,12
原子核⋯⋯⋯⋯⋯⋯⋯⋯⋯7,12
高温プラズマ⋯⋯⋯⋯⋯42,44
高気圧プラズマ⋯⋯⋯⋯⋯44,69
光球⋯⋯⋯⋯⋯⋯⋯⋯⋯⋯　17
恒星⋯⋯⋯⋯⋯⋯⋯⋯⋯⋯　15
光電効果⋯⋯⋯⋯⋯⋯⋯⋯　24
光電子放出⋯⋯⋯⋯⋯⋯⋯　24
コロナ⋯⋯⋯⋯⋯⋯⋯⋯⋯　17
コロナ放電⋯⋯⋯⋯⋯　50,73,79

109

さ

再結合·······················14,67
彩層···························17
三酸化硫黄·····················73
三重水素·······················41
酸素ラジカル···················99
シース電界·····················64
紫外線·····24,29,33,57,60,67,79,81
自続放電·······················35
自続放電条件···············27,33
磁場···························41
弱電離プラズマ···········40,43,46
自由電子·····················7,57
重水素·····················16,41
準安定粒子·····················60
衝撃波···············79,84,87
硝酸······················75,86
硝酸態窒素·····················86
衝突電離·················24,28
初期電子·················24,27
植物工場·······················83
ジョン・タウンゼント···········23
磁力線·························18
真空ポンプ··············23,33,67
親水性·······················100
水耕栽培·······················84
水素原子························5
水素ラジカル···················55
スーパーオキシドアニオンラジカル
···························53
正イオン·········5,10,22,26,42,48
正常グロー放電·················35

絶縁体······················12,52
絶縁破壊·······················12
絶対温度·······················37
全路破壊·······················50
促進酸化法··············77,102

た

大気圧低温プラズマ···39,46,48,89
大気圧非熱平衡プラズマ········48
太陽······················15,41
太陽風·························18
対流層·························17
タウンゼントの火花条件···27,33,35
タウンゼント放電···············26
脱励起·················7,14,58
地磁気·························18
窒素酸化物··············53,73,86
中性子·························16
低温プラズマ················42,43
低気圧プラズマ···········43,48,53
電荷······················10,19
電界·················19,22,23,35
電気集塵機·····················73
電極······················12,23
電子·················5,10,23,47
電子温度··················38,48
電子密度··················38,40
電離·························5,7
電離度·························40
電流制限抵抗···················33
導体···························12
等方性エッチング···············62

な

二酸化硫黄······················· 73
二酸化炭素······················· 69
二酸化窒素··················· 53,73,86
二次電子····················· 26,28
二次電子放出作用··················· 26
熱運動······················· 4,29
熱核融合······················ 15,41
熱電子放出······················· 57
熱電離························· 29
熱プラズマ·················· 43,44,48,69
熱平衡プラズマ···················· 43,45

は

パッシェン曲線··················· 30
パッシェンの法則··················· 30
パッシェンミニマム·················· 31
光電離························· 28
ヒドロキシラジカル
············· 53,55,67,75,77,98
ヒドロペルオキシラジカル··· 53,67
非熱平衡プラズマ··················· 42,48
火花電圧························· 30
火花放電························· 50
ファラデー暗部···················· 36
負グロー························ 36
不対電子························ 55
フッ化水素······················· 69
物質の第4態····················· 5,14
不導体························· 12
プラズマ······················· 5,14
プラズマアッシング················· 62

プラズマエッチング················· 62
プラズマ振動····················· 10
プラズマディスプレイパネル··· 58
フリードリッヒ・パッシェン··· 30
フロン類························ 69
分子·························· 5,8
分子イオン······················· 8
β（ベータ）作用 ··················· 27
ペニング効果····················· 60
ヘリウム······················· 9,96
ヘリウム3······················· 16
放射線······················· 23,33
放射層························· 17
放電·························· 12
放電開始電圧··················· 30,96

ま

マイケル・ファラデー············ 1
摩擦帯電························ 19
ミクロキスティス················· 87
メチレンブルー··················· 102
滅菌························· 66,81

や

誘電体························· 12,52
誘電体バリア放電······ 52,60,76,90
養液栽培························ 83
陽極························· 23,53
陽極暗部························ 37
陽光柱························· 36
陽子·························· 7,16

ら

ラジカル……………………………55,81
冷陰極管インバータ……………93
励起………………………………7,14,58
励起準位………………………7,28

おわりに

　『スッキリ！がってん！プラズマの本』を最後まで読んでいただき，誠にありがとうございました．本書は，2016年2月に企画が立ち上がり，執筆が始まりました．筆者は本書が人生で初めての著書であったため手際よく執筆を進めることができず，出版にこぎ着けるまで2年弱の期間を要してしまいました．

　電気書院の「スッキリ！がってん！シリーズ」は，専門書を読み解く前の入門書という位置づけです．本書は，さらに入門書を手に取る一歩手前の初心者向けの本というつもりで内容を構成しました．そのため，思い切って数式を排除し，図と文章のみでプラズマを説明しました．その気になれば，中学生の理科の知識でも読み進めることができると確信しています．その反面，数式を用いなければ表現できない現象には触れていません．本書を読んで，プラズマに興味を持った読者は，次のステップとして入門書に進んでもらえれば幸いです．

　さて，筆者は高専に勤めています．高専は高等教育機関の中でもとくに「ものづくり」に重点を置いた学校です．高専の学生は，日本のものづくりを担うエンジニアになるべく，日々勉学に励んでいます．では，ものづくりの醍醐味とは何でしょうか？　筆者は，「もの」が完成したときの達成感ではないか，と思っています．本書では，巻末付録として簡単に制作できる大気圧低温プラズマジェット装置を紹介しました．プラズマの基礎から応用までを学んだ読者の方には，ぜひこの装置の制作にチャレンジしていただき，プラズマを発生できたときの達成感を体感していただきたいと思います．

本書の執筆にあたり，国立極地研究所，核融合科学研究所，パナソニック，ジョンソン・エンド・ジョンソン，東京都水道局，三菱電機プラントエンジニアリング，末松製作所，三菱電機，日本機械学会，荏原製作所などの各社・団体のwebページから，写真や画像データを転載させていただきました．心から御礼申し上げます．

　また，低気圧放電管を用いたグロー放電の実験では，筆者の母校でもある兵庫県立大学（旧 姫路工業大学）の岡田翔先生および東欣吾先生にご協力いただきました．この場を借りて感謝申し上げます．

　最後に，本書を出版するにあたり，この機会を与えていただき，何度も打ち合わせにお付き合いいただきました電気書院 田中和子様ならびに関係者の皆様に感謝を申し上げます．

2017年10月 著者記す

～～～ 著 者 略 歴 ～～～
赤松　浩 （あかまつ　ひろし）

1998年	姫路工業大学（現 兵庫県立大学）工学部電気工学科卒業
2000年	姫路工業大学大学院修士課程修了
2003年	姫路工業大学大学院博士後期課程修了
	神戸市立工業高等専門学校電気工学科助手
2007年	神戸市立工業高等専門学校電気工学科准教授
	高専では，高電圧工学および大気圧プラズマ応用技術の
	研究に従事．博士（工学）

©Hiroshi Akamatsu 2017

スッキリ！がってん！　プラズマの本

2017年12月22日　　第1版第1刷発行

著　者　赤　　松　　浩

発 行 者　田　　中　　久　　喜

発 行 所
株式会社　電 気 書 院
ホームページ　www.denkishoin.co.jp
（振替口座　00190-5-18837）
〒101-0051　東京都千代田区神田神保町1-3 ミヤタビル2F
電話（03）5259-9160／FAX（03）5259-9162

印刷　中央精版印刷株式会社
Printed in Japan／ISBN978-4-485-60024-5

• 落丁・乱丁の際は，送料弊社負担にてお取り替えいたします．

JCOPY 〈(社)出版者著作権管理機構 委託出版物〉
本書の無断複写（電子化含む）は著作権法上での例外を除き禁じられています．複写される場合は，そのつど事前に，(社)出版者著作権管理機構（電話：03-3513-6969，FAX：03-3513-6979，e-mail：info@jcopy.or.jp）の許諾を得てください．また本書を代行業者等の第三者に依頼してスキャンやデジタル化することは，たとえ個人や家庭内での利用であっても一切認められません．

［本書の正誤に関するお問い合せ方法は，最終ページをご覧ください］

専門書を読み解くための入門書

スッキリ！がってん！シリーズ

スッキリ！がってん！無線通信の本

ISBN978-4-485-60020-7
B6判167ページ／阪田　史郎［著］
定価＝本体1,200円＋税（送料300円）

無線通信の研究が本格化して約150年を経た現在，無線通信は私たちの産業，社会や日常生活のすみずみにまで深く融け込んでいる．その無線通信の基本原理から主要技術の専門的な内容，将来展望を含めた応用までを包括的かつ体系的に把握できるようまとめた1冊．

スッキリ！がってん！二次電池の本

ISBN978-4-485-60022-1
B6判136ページ／関　勝男［著］
定価＝本体1,200円＋税（送料300円）

二次電池がどのように構成され，どこに使用されているか，どれほど現代社会を支える礎になっているか，今後の社会の発展にどれほど寄与するポテンシャルを備えているか，といった観点から二次電池像をできるかぎり具体的に解説した，入門書．

専門書を読み解くための入門書

スッキリ！がってん！シリーズ

スッキリ！がってん！ 雷の本

ISBN978-4-485-60021-4
B6判91ページ／乾　昭文［著］
定価＝本体1,000円＋税（送料300円）

雷はどうやって発生するでしょう？　雷の発生やその通り道など基本的な雷の話から、種類と特徴など理工学の基礎的な内容までを解説しています．また，農作物に与える影響や雷エネルギーの利用など，雷の影響や今後の研究課題についてもふれています．

スッキリ！がってん！ 感知器の本

ISBN978-4-485-60025-2
B6判173ページ／伊藤　尚・鈴木　和男［著］
定価＝本体1,200円＋税（送料300円）

住宅火災による犠牲者が年々増加していることを受け，平成23年6月までに住宅用火災警報機（感知器の仲間です）を設置する事が義務付けられました．身近になった感知器の種類，原理，構造だけでなく火災や消火に関する知識も習得できます．

専門書を読み解くための入門書

スッキリ！がってん！シリーズ

スッキリ！がってん！ 有機ELの本

ISBN978-4-485-60023-8
B6判162ページ／木村 睦［著］
定価＝本体1,200円＋税（送料300円）

iPhoneやテレビのディスプレイパネル（一部）が，有機ELという素材でできていることはご存知でしょうか？ そんな素材の考案者が執筆した「有機ELの本」を手にしてください．有機ELがどんなものかがわかると思います．化学が苦手な方も読み進めることができる本です．

スッキリ！がってん！ 燃料電池車の本

ISBN978-4-485-60026-9
B6判149ページ／高橋 良彦［著］
定価＝本体1,200円＋税（送料300円）

燃料電池車・電気自動車を基礎から学べるよう，徹底的に原理的な事項を解説しています．燃料電池車登場の経緯，構造，システム構成，原理などをわかりやすく解説しています．また，実際に大学で製作した小型燃料電池車についても解説しています．

専門書を読み解くための入門書

スッキリ！がってん！シリーズ

スッキリ！がってん！ 再生可能エネルギーの本

ISBN978-4-485-60028-3
B6判198ページ／豊島　安健［著］
定価＝本体1,200円＋税（送料300円）

再生可能エネルギーとはどういったエネルギーなのか，どうして注目が集まっているのか，それぞれの発電方法の原理や歴史的な発展やこれからについて，初学者向けにまとめられています．

スッキリ！がってん！ 太陽電池の本

ISBN978-4-485-60027-6
B6判147ページ／清水　正文［著］
定価＝本体1,200円＋税（送料300円）

メガソーラだけでなく一般家庭への導入も進んでいる太陽電池．主流となっている太陽電池の構造は？　その動作のしくみは？　今後の展望は？　などの疑問に対して専門的な予備知識などを前提にせずに一気に読み通せる一冊となっています．

書籍の正誤について

万一，内容に誤りと思われる箇所がございましたら，以下の方法でご確認いただきますようお願いいたします．

なお，正誤のお問合せ以外の書籍の内容に関する解説や受験指導などは**行っておりません**．このようなお問合せにつきましては，お答えいたしかねますので，予めご了承ください．

正誤表の確認方法

最新の正誤表は，弊社Webページに掲載しております．「キーワード検索」などを用いて，書籍詳細ページをご覧ください．
正誤表があるものに関しましては，書影の下の方に正誤表をダウンロードできるリンクが表示されます．表示されないものに関しましては，正誤表がございません．

弊社Webページアドレス
http://www.denkishoin.co.jp/

正誤のお問合せ方法

正誤表がない場合，あるいは当該箇所が掲載されていない場合は，書名，版刷，発行年月日，お客様のお名前，ご連絡先を明記の上，具体的な記載場所とお問合せの内容を添えて，下記のいずれかの方法でお問合せください．
回答まで，時間がかかる場合もございますので，予めご了承ください．

郵便で問い合わせる　郵送先　〒101-0051
東京都千代田区神田神保町1-3
ミヤタビル2F
㈱電気書院　出版部　正誤問合せ係

FAXで問い合わせる　ファクス番号　**03-5259-9162**

ネットで問い合わせる　弊社Webページ右上の「**お問い合わせ**」から
http://www.denkishoin.co.jp/

お電話でのお問合せは，承れません

(2015年10月現在)